Photometry of Pulsed Light

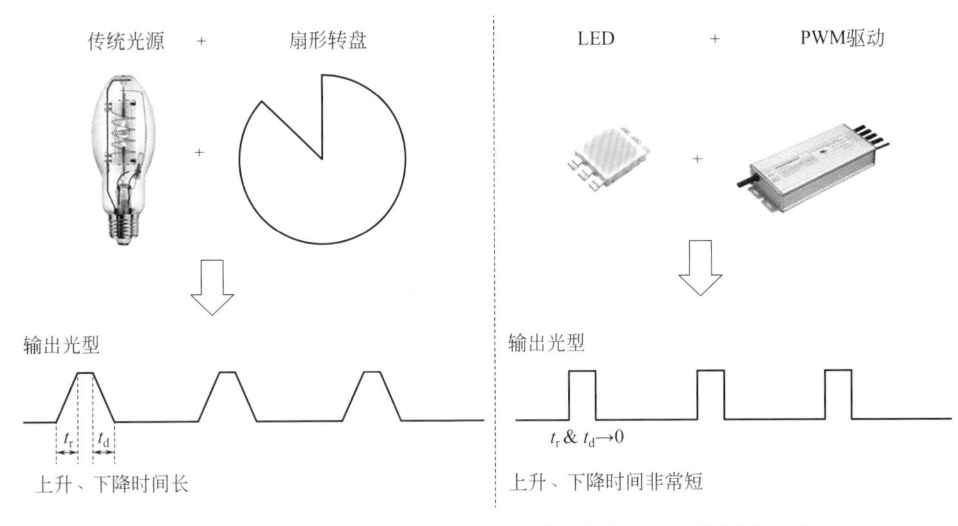

图 1-4　从传统光源到 LED——连续脉冲光成为全新的研究对象

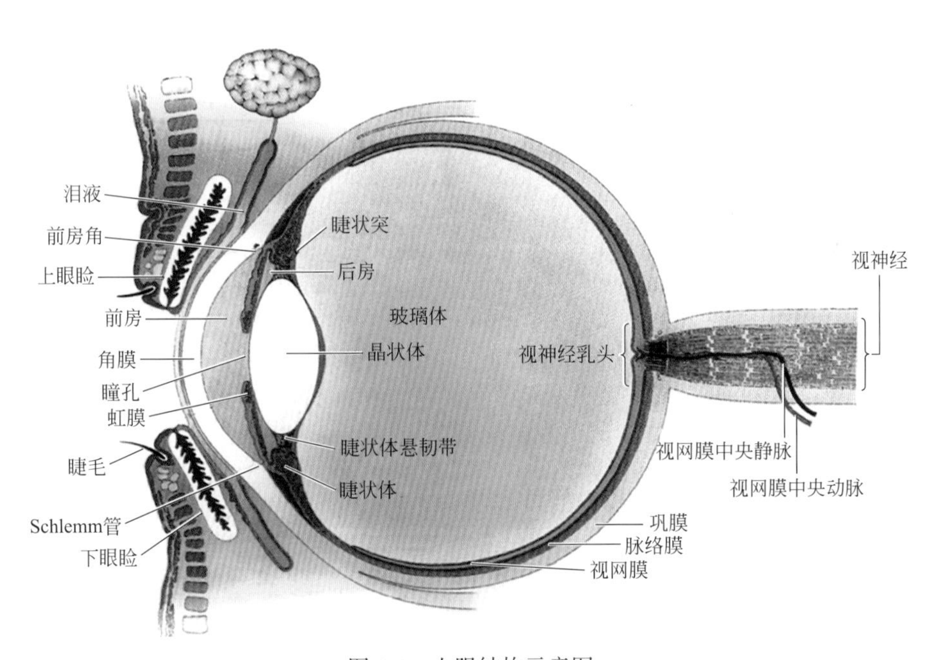

图 2-1　人眼结构示意图

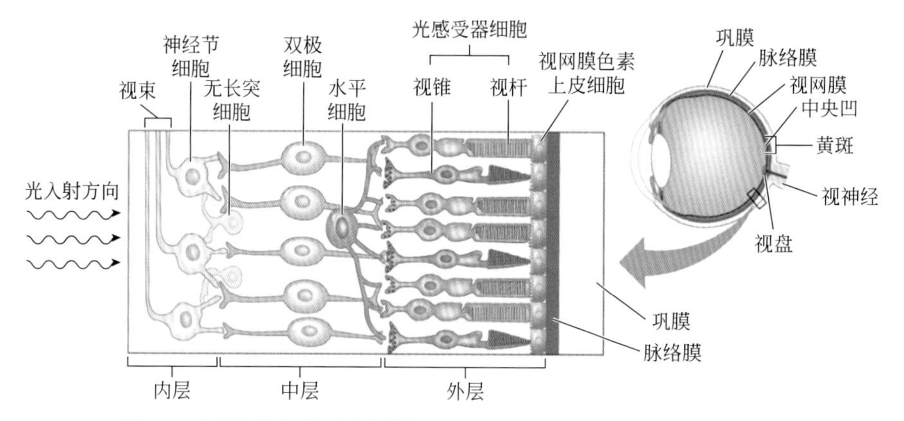

图 2-2　视网膜的多层网络结构（@2011 Pearson Education, Inc.）

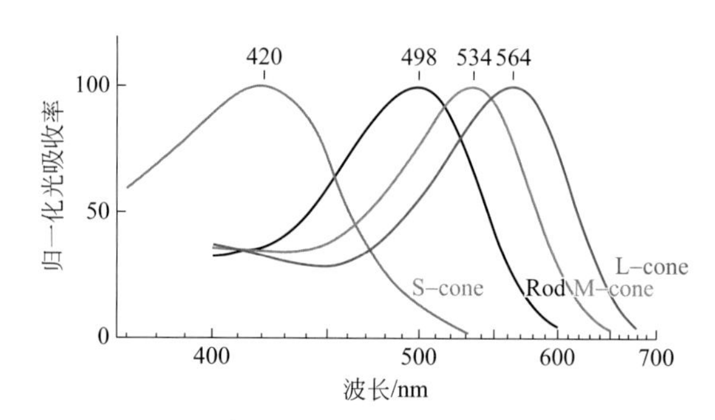

图 2-4　不同光感受器的相对光谱吸收曲线

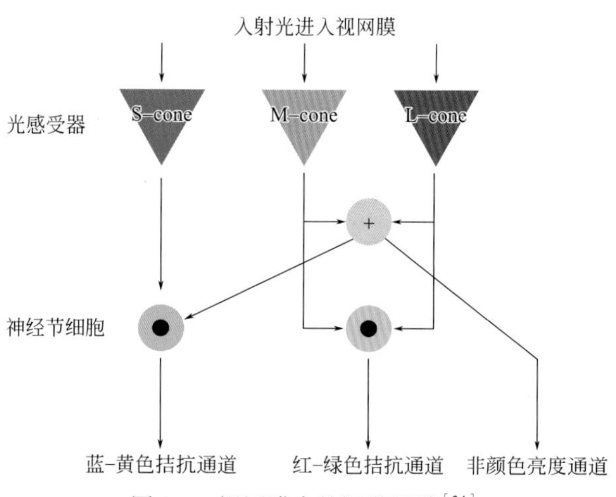

图 2-8　视网膜中的视觉通道[34]

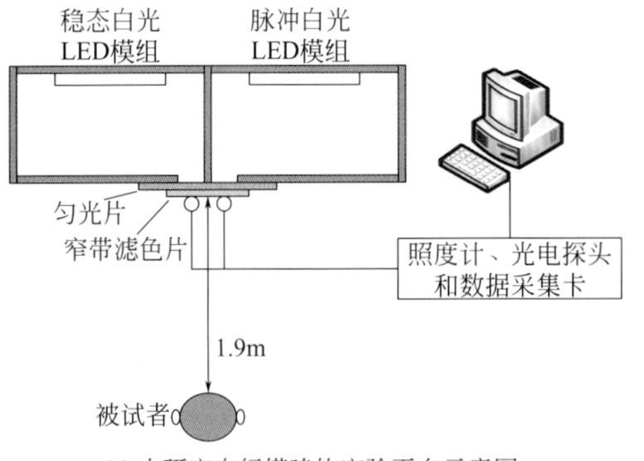

(a) 本研究自行搭建的实验平台示意图

(b) 搭建的实验平台实拍图

图 3-1　实验平台示意图及实拍图

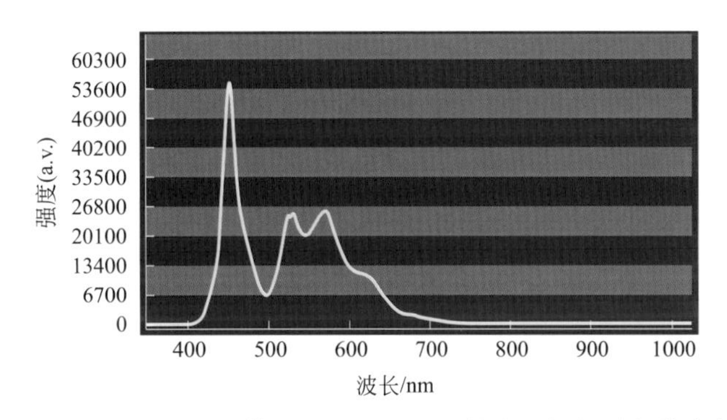

图 3-2　3500K 白光 LED 模组经 470nm LED 补光后的相对光谱功率分布

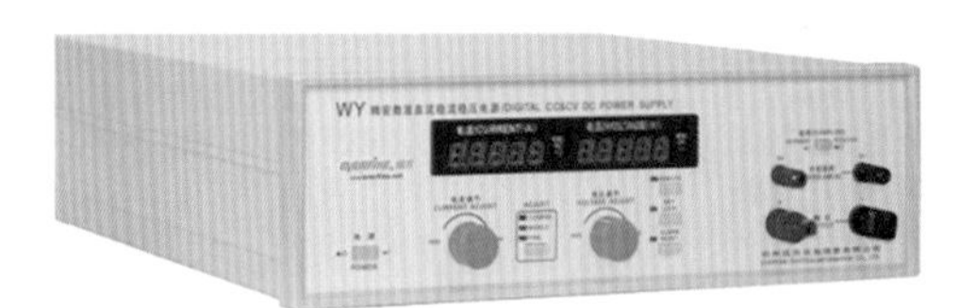

图 3-3　远方光电 WY605 直流稳流稳压电源

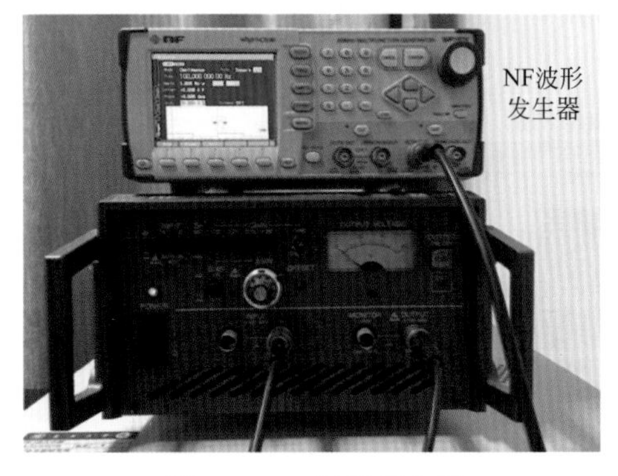

图 3-4　NF 波形发生器

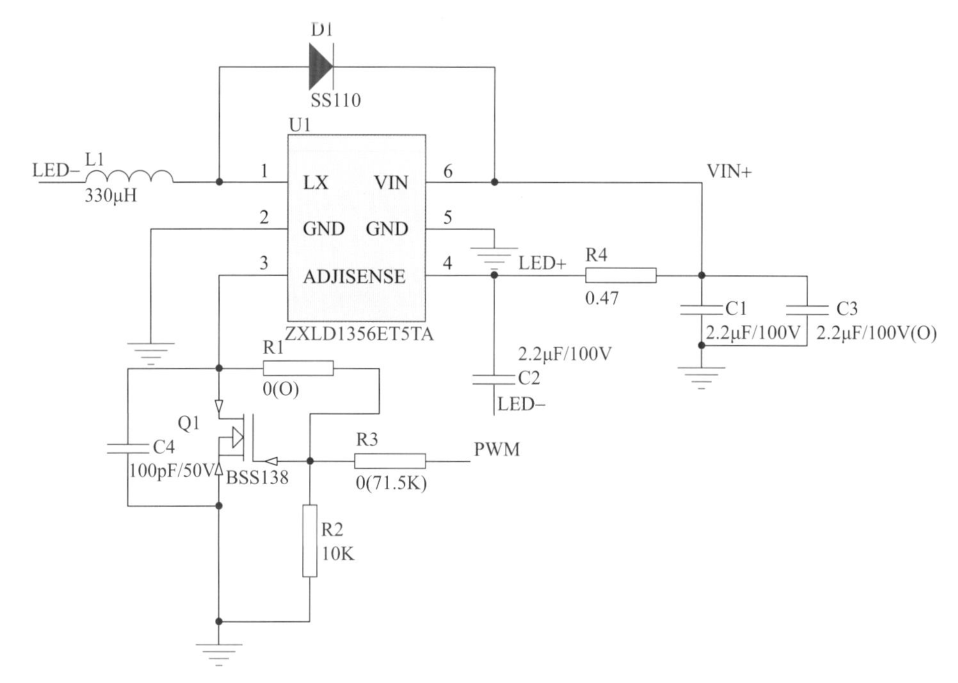

图 3-5　脉冲光模组驱动芯片电路原理图

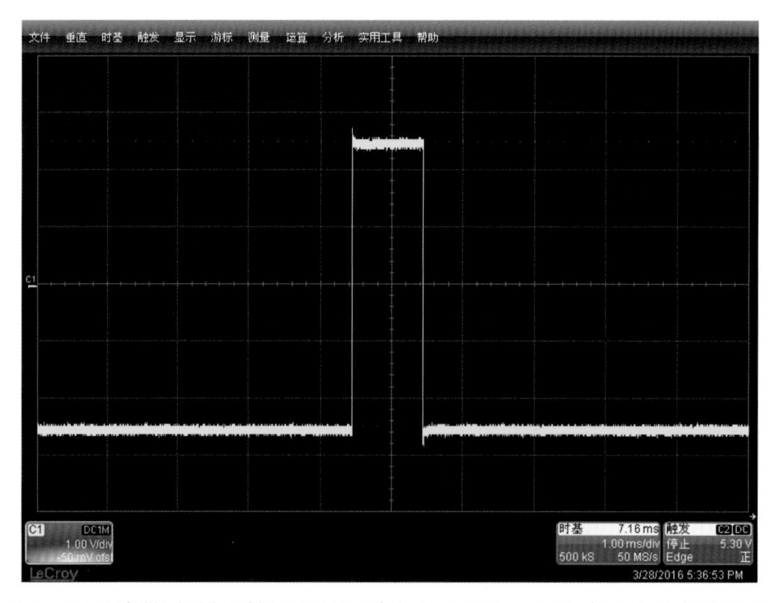

图 3-6　用示波器测量得到的 WF1974 产生的 100Hz、10% 占空比的方波波形图

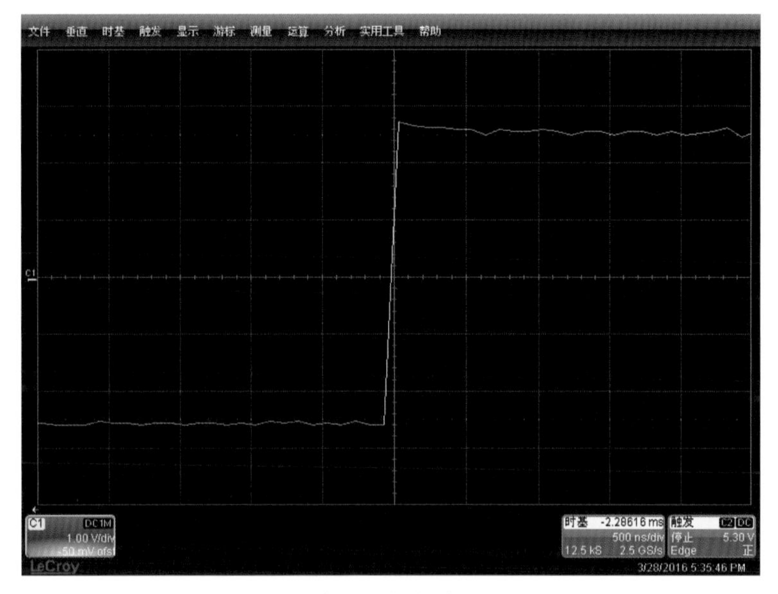

图 3-7　100Hz、10% 占空比的方波的上升时间小于 150ns

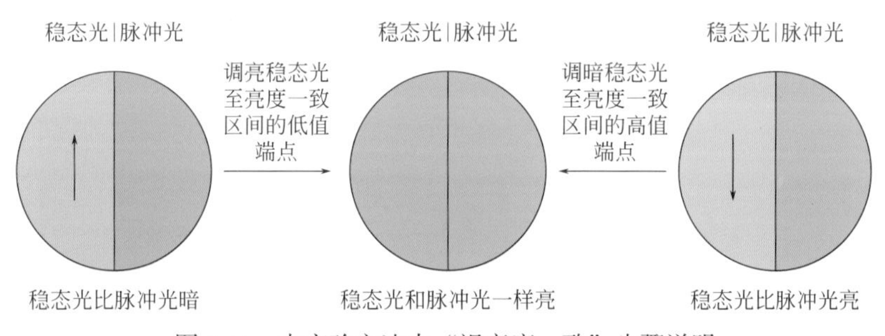

图 3-11　本实验方法中“视亮度一致”步骤说明

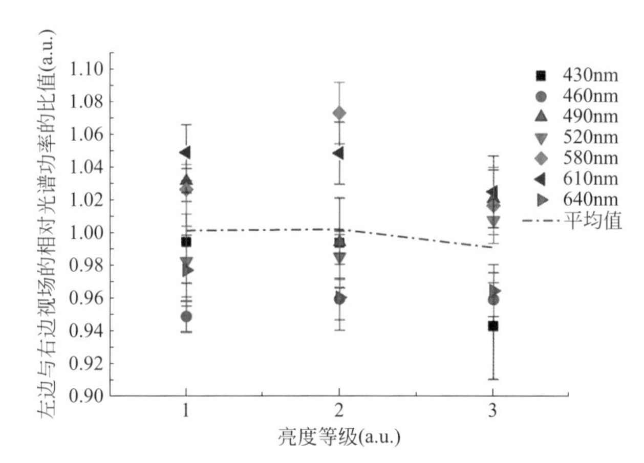

图 3-13　DC-DC 实验结果：当视亮度相等时，
三个亮度等级下左右两边光线的物理强度比值均接近于 1

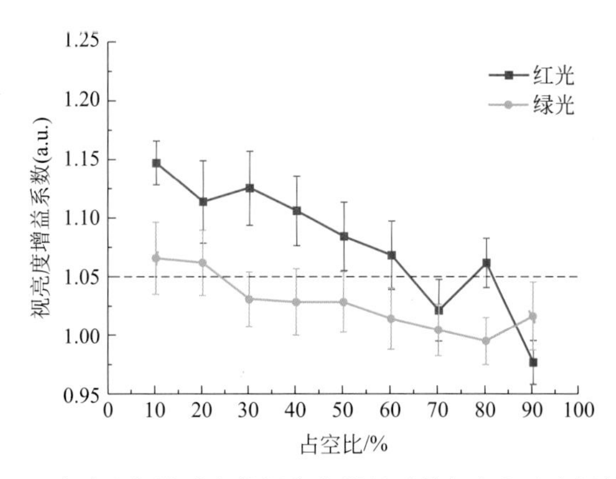

图 3-16　直流光与脉冲光的视亮度增益系数与占空比之间的关系

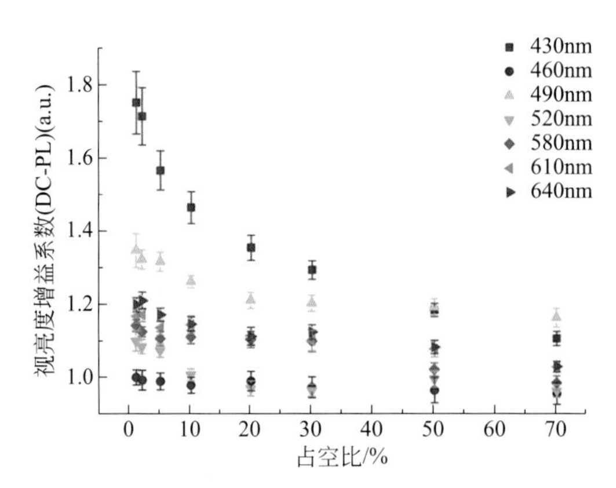

图 3-29　视亮度增益系数和占空比之间的关系

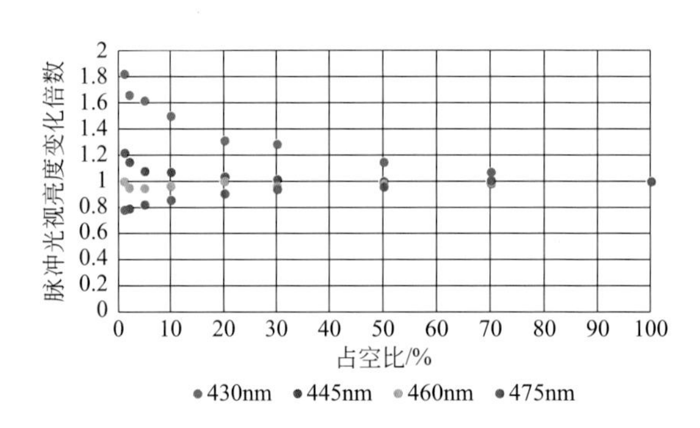

图 3-31　不同波长与占空比调制下的脉冲光视亮度增益系数

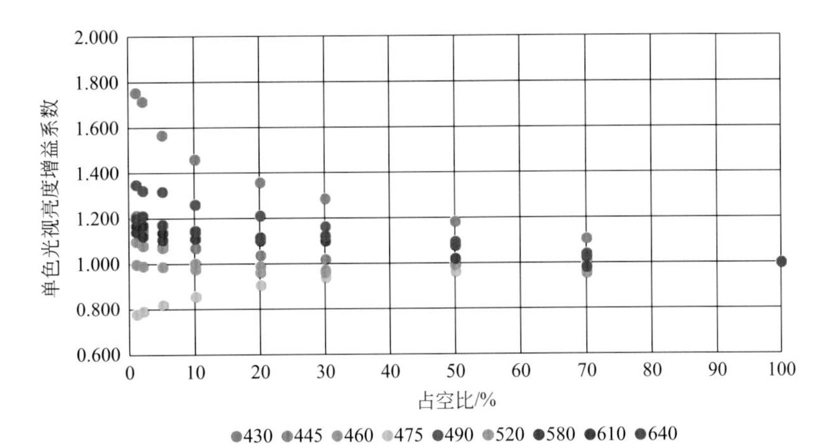

图 4-1　各个波长、占空比下视亮度实验结果总结

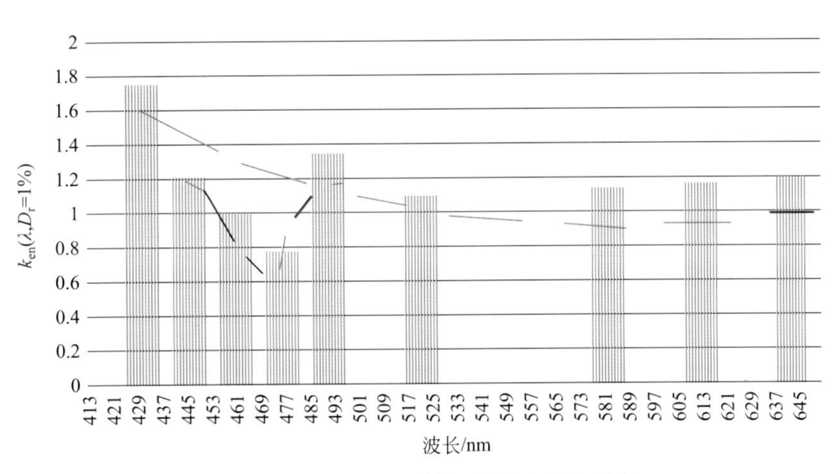

图 4-7　1% 占空比时的视觉增益系数观察

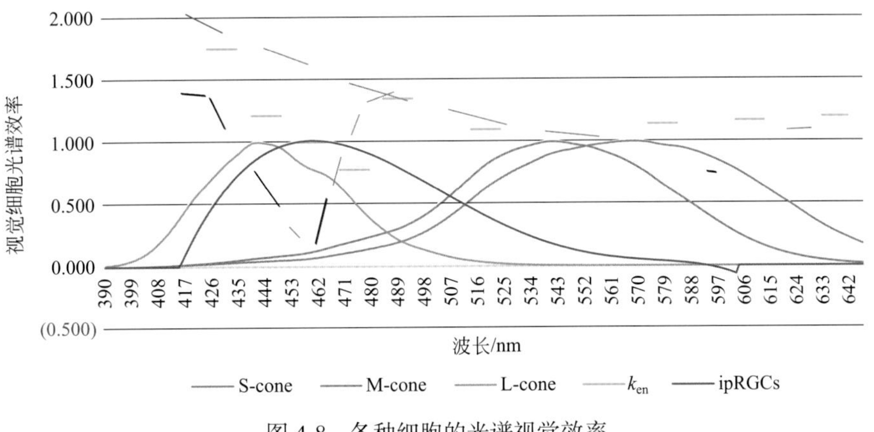

图 4-8　各种细胞的光谱视觉效率

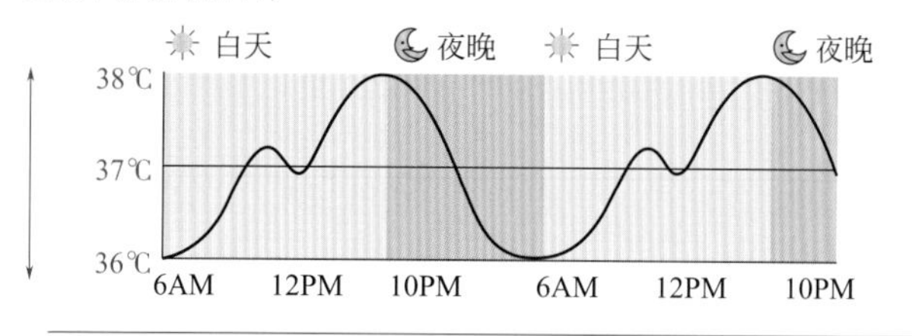

图 5-2　人体体温的昼夜节律变化

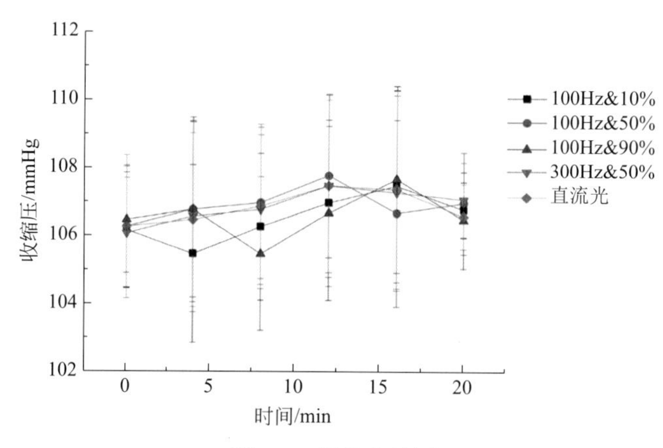

图 5-3　平均收缩压

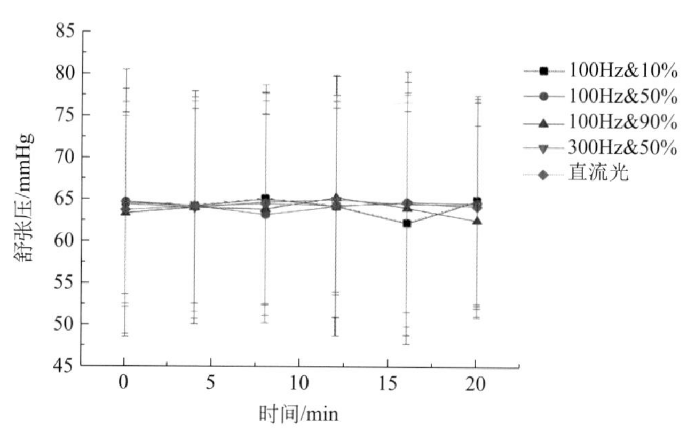

图 5-4　平均舒张压

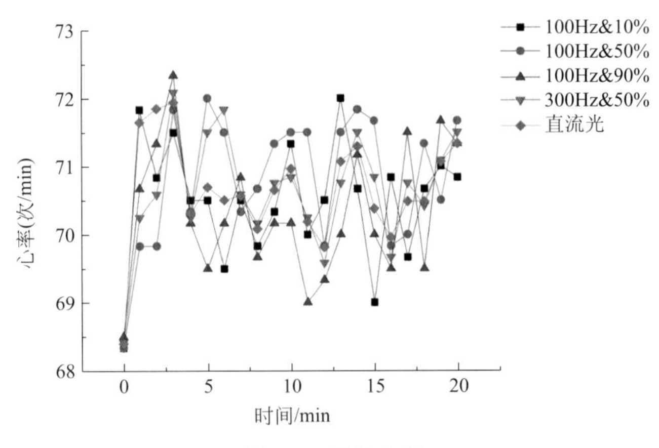

图 5-5　平均心率

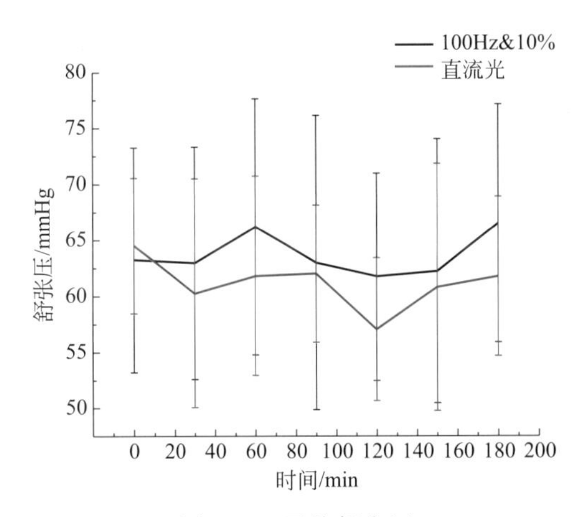

图 5-10　平均舒张压

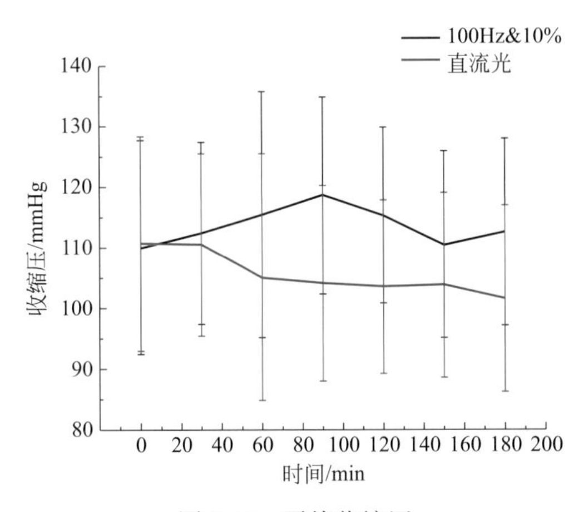

图 5-11　平均收缩压

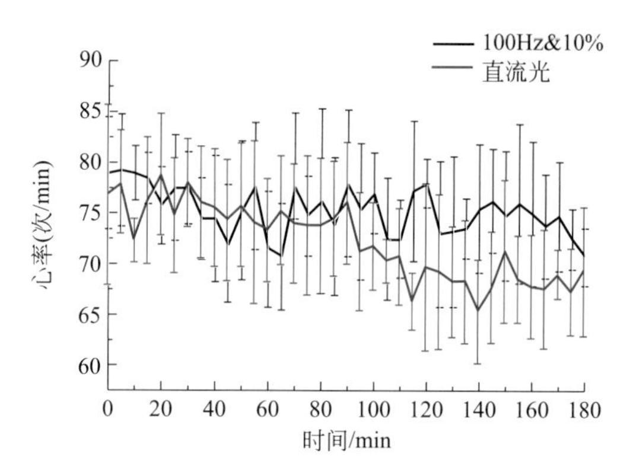

图 5-12　平均心率

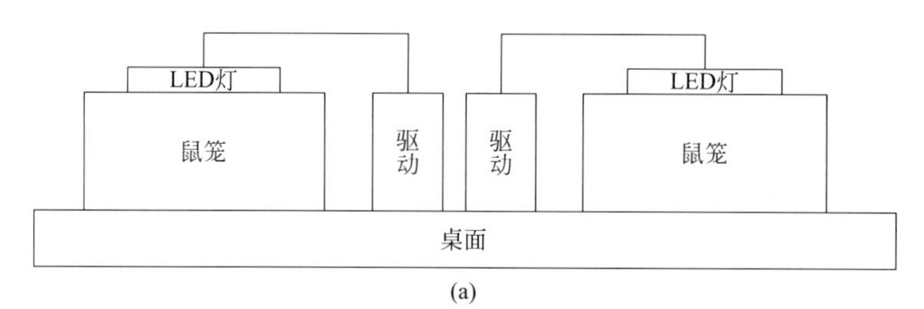

(a)

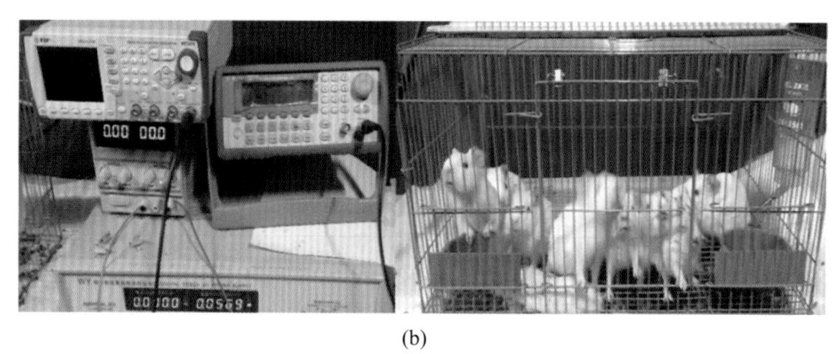

(b)

图 5-15　实验装置示意图（a）与实物图（b）

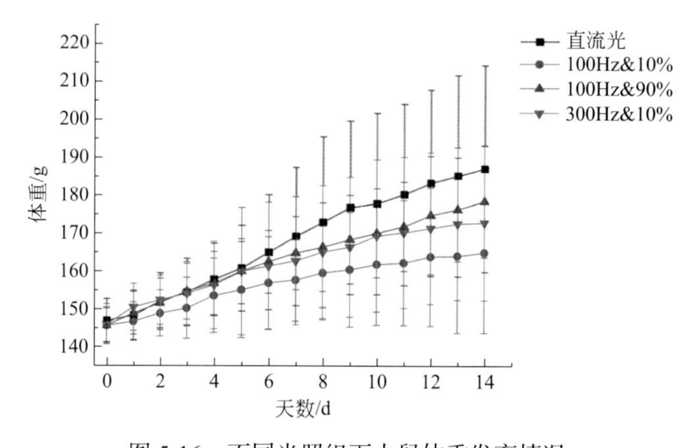

图 5-16　不同光照组下大鼠体重发育情况

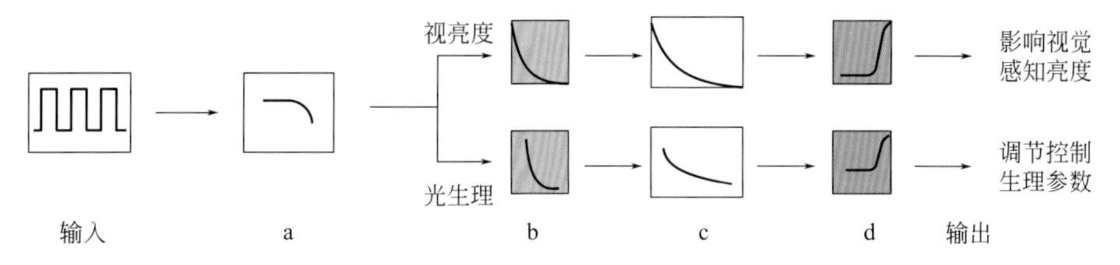

图 5-17　基于脉冲光研究的简化视觉照明感光模型

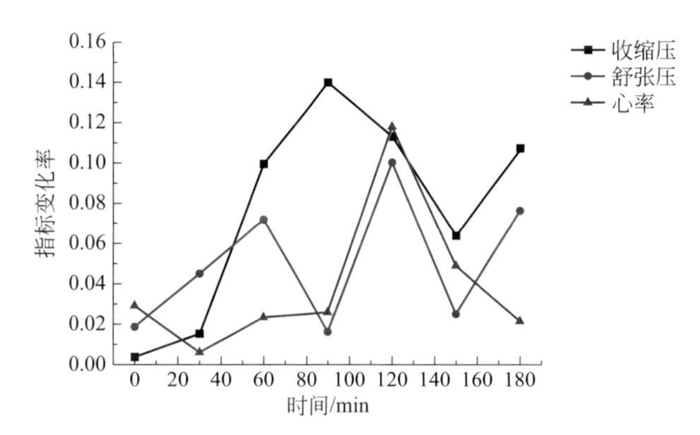

图 5-18　脉冲光长期照射下不同指标变化率情况

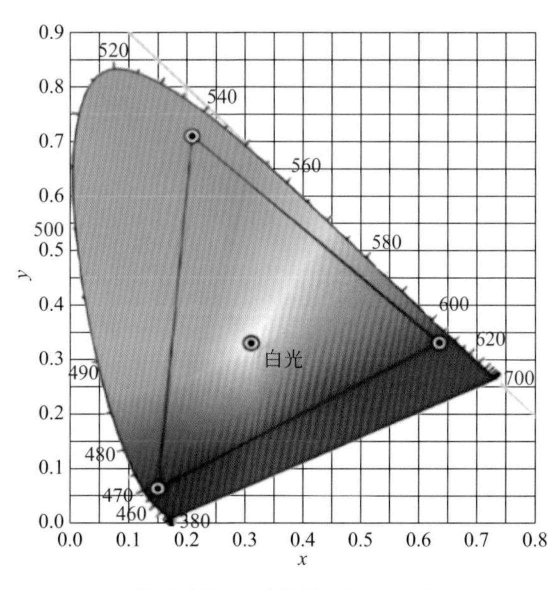

图 6-2　CIE 1931 色度空间三刺激值 $x(\lambda)$ 、$y(\lambda)$ 、$z(\lambda)$ 函数

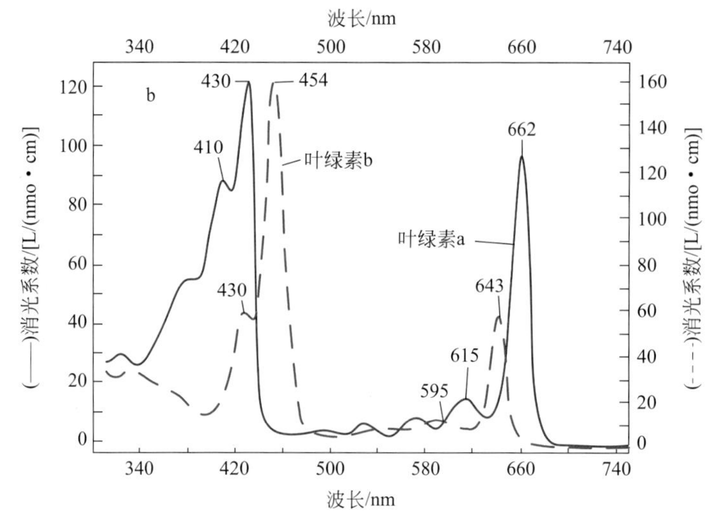

图 6-4　不同波长的光照对植物叶绿素形成的影响

光合作用中各种能量转变情况及反应时间

能量转变	光能 ⟶	电能 ⟶	活跃化学能 ⟶	稳定化学能
贮存能量	量子	电子	ATP、NADPH	CH_2O等
转变过程	原初反应	电子传递 光合磷酸化		碳同化
时间/s	10^{-15}~10^{-9}	10^{-10}~10^{-4}		10~100
反应部位	PS颗粒	类囊体膜		叶绿体间质

图 6-5　光合作用各个过程的反应时间

Photometry of Pulsed Light

脉冲光度学

刘木清 等著

· 北 京 ·

目前，LED已然成为照明领域的主流光源。LED容易且快速的开关特性使其在实际应用中常以PWM形式进行调光，这时LED的输出光实际上是脉冲光。而传统的光度学理论并未回答脉冲光形式下的一系列光度学问题，特别是亮度的表征、相加性、与光谱的关联性等。这就是本书的主要出发点。

全书共分为6章。第1章在介绍LED发展史、技术特点及与传统电光源相比的性能优势之上，详细综述了基于LED的脉冲光视觉/非视觉效应的文献内容。第2章主要介绍了人体视觉系统，包括视网膜、视皮层等的结构和功能等，以及CIE光度学系统中光谱光视函数的定义与测量方法，为定义脉冲光的视感函数搭建理论基础。第3章与第4章系统地阐述了脉冲光的视觉增强效应，包括不同光电参数对视觉增强效应的影响，及其相加性的研究，以及基于此初步建立起的脉冲光光谱光视效率函数。第5章中，则在上述研究之外，对脉冲光的非视觉效应之研究成果也做出详细的阐述。最后在第6章中，对脉冲光度学未来在农业、医疗等领域的学理研究及产业应用做出了展望。第3～5章是本书的主要部分，总结了笔者团队近年来在该领域的主要科研成果。书中也吸收了该领域部分国际团队的研究成果。本书可供照明专业、光学专业的研究人员及师生阅读参考。

图书在版编目（CIP）数据

脉冲光度学/刘木清等著．—北京：化学工业出版社，2019.8
ISBN 978-7-122-34476-2

Ⅰ.①脉…　Ⅱ.①刘…　Ⅲ.①光脉冲-光度学
Ⅳ.①O432.2

中国版本图书馆CIP数据核字（2019）第089987号

责任编辑：袁海燕　　文字编辑：向　东
责任校对：刘　颖　　装帧设计：王晓宇

出版发行：化学工业出版社（北京市东城区青年湖南街13号　邮政编码100011）
印　　装：中煤（北京）印务有限公司
710mm×1000mm　1/16　印张10　彩插6　字数160千字　2019年9月北京第1版第1次印刷

购书咨询：010-64518888　　售后服务：010-64518899
网　　址：http：//www.cip.com.cn
凡购买本书，如有缺损质量问题，本社销售中心负责调换。

定　价：88.00元

前言—— *Preface*

自20世纪90年代高亮度与高光效的蓝光技术产生历史性突破以来，LED日渐受到世界上众多科技发达国家的高度重视，通过各自的国家科技计划推动其快速发展。目前，LED已然成为照明领域的主流光源，它体积小、能耗低、亮度高、寿命长及易于调控等诸多优点使其成为21世纪最具发展前景的绿色照明光源。

随着LED在照明领域的不断推广，PWM（plus width modilation，脉冲宽度调制）调光技术的应用也越来越普遍。近年来，国内外多个研究团队发现人眼对脉冲光的视觉感知特性与直流光有所不同。同时，脉冲光是否会对人眼的视觉系统产生影响，以及是否存在视觉以及非视觉（生理）效应方面的作用也众说纷纭。此外，这些脉冲驱动给光源带来的有别于以往的不同特性，是否对于光度学、色度学的学科建立有所影响，更是有着重要的研究意义。鉴于此，笔者课题组基于以上诸项及其相关衍生研究提出了“脉冲光度学”这一新领域，并对其进行了多年系统而深入的研究，取得了一些具有创新性且不乏重要性的研究成果。在本书中对其作出系统阐释，试图使读者阅毕此书，对“脉冲光度学”这一课题有较为全面而详实的了解。

全书共分为6章。第1章介绍了LED的发展史、技术特点以及与传统电光源相比的性能优势，并详细综述了基于LED的脉冲光视觉/非视觉效应的文献研究现况。第2章主要介绍了人体视觉系统，包括视网膜、视皮层等的结构和功能等，以及CIE光度学系统中光谱光视函数的定义与测量方法，为本书中定义脉冲光的视感函数搭建理论基础。第3章与第4章则系统地阐述了脉冲光的视觉增强效应，包括不同光电参数对视觉增强效应的影响，其相加性的研究，以及基于此初步建立起的脉冲光光谱光视效率函数。第5章，除了上述的视觉研究的成果之外，脉冲光的非视觉效应之研究成果也做出详细的阐述。最后在第6章中，对脉冲光度学未来在农业、医疗等领域的学理研究及产业应用做出了展望。第3～5章是本书的主要部分，是笔者团队近年来在该领域的主要科研成果，其中第 3、4 章包括了樊生龙、陈天然、高维惜及顾鑫的学位论文成果，第 5 章包含了顾鑫学位论文的主要成果。龚钱冰参与了内容的整理。书中也吸收了部分该领域国际团队的研究成果。

本书可作为大专院校建筑、光源与照明等相关专业的研究生和本科生学生教材，也可以作为光源照明和建筑行业的工程师及相关爱好者的参考书籍。

《脉冲光度学》由复旦大学电光源研究所刘木清教授及已毕业研究生樊生龙、顾鑫、陈天然、高维惜等共同编写。研究团队的周小丽副教授和沈海平副教授及多名研究生与电光源研究所的同事也在课题的研究过程中多次参与讨论。特别提及的是，本书主要成果的研究过程中，得到国际电光源委员会（CIE）前主席 Ohno 博士、CIE 前主席 Van Bommel 教授、国际电光源委员会主席 Devonshire 博士、国际电光源委员会秘书长 Zissis 教授及日本爱媛大学 Massafumi 教授的多次长时间讨论与诸多建议。在此一并表示感谢。

由于编者水平有限，书中试图涉及 LED 及脉冲光度学相关的各个领域，而这些领域跨度较大，因此疏漏之处在所难免。特别是，脉冲光用于视觉及非视觉的研究，其实还处在一个发展不完善，很多甚至是刚开始的阶段，因此很多内容其实目前或无资料可查、或行业尚无定论，甚至有些还处于或等待研究阶段，且受时间所限，书中不足之处在所难免，敬请读者批评指正。鉴于此，书中如有疑问或不当之处，请联系 mqliu@fudan.edu.cn。

著者

2018 年 10 月

目录 —— Contents

第4章 脉冲光视亮度增强效应的分析

第5章 脉冲光生理效应的实验研究与机理分析

第1章

LED与脉冲光度学研究

1.1 LED 光源综述

自 20 世纪末高亮度与高光效的蓝光技术产生历史性突破以来，发光二极管（light-emitting diode，LED）日渐受到世界范围内的高度重视，近年来，伴随着光效的提高及价格的下降，LED 在照明领域的应用获得了快速的发展并因此产生了一个全新的细分产业——固态照明产业。

LED 较之于白炽灯、荧光灯及氙气灯（HID 灯）等传统电光源有诸多优点。除却超长的工作寿命、良好的器件可靠性、低压直流供电、安全性能高等优势外，LED 具有令人瞩目的超高光效，这对于绿色照明而言具有重要意义。理论上，白光 LED 的光效可达 350lm/W 以上。尽管目前商业 LED 的光效还仅为 140～180lm/W 左右，但近年来一直处于快速上升的阶段。目前实验室的光效已经超过 200lm/W，这已经高出目前所有有实用意义的光源了（低压钠灯除外，其显色指数太差，实用有限）。在过去 30 年间，LED 光效有 1000 多倍的提升，如图 1-1 所示。

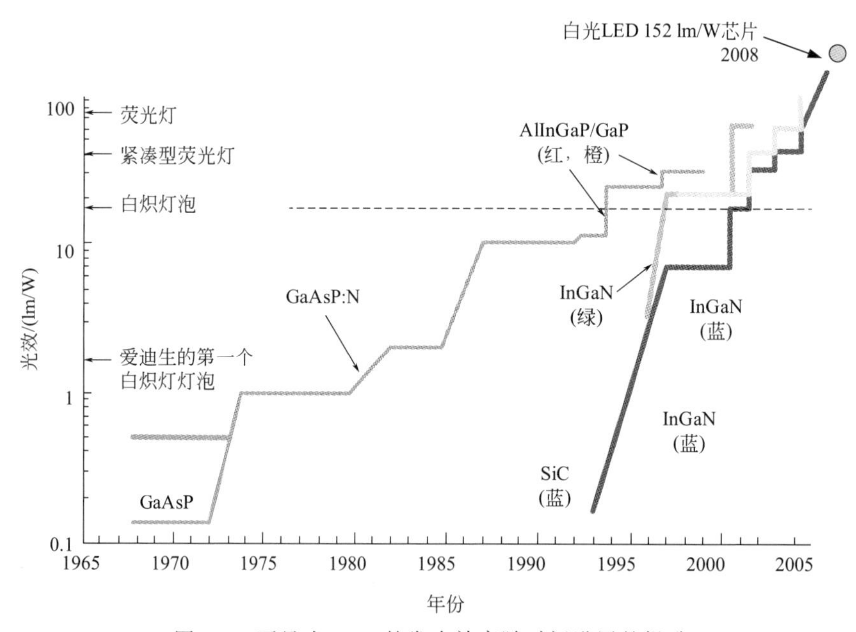

图 1-1　可见光 LED 的发光效率随时间进展的提升

更为重要的是，LED 在光谱、空间、时间这三个维度层面，皆具有很高的调节灵活性。这对于众多传统光源而言可谓是革命性的突破，也使得先前诸多因光源硬件条件所限的应用与研究，从不可实现到成为可能。具体而言：

首先，根据半导体物理学相关理论，采用不同禁带宽度的半导体材料制备 LED 芯片，对应不同的发射波长。目前，250nm（紫外波段）至 1100nm（红外波段）的连续光谱中，几乎任意发光波长都可由不同材质制备的单色 LED 或其线性组合混光得到[1]。诸多应用例如太阳光谱实时模拟器，可由此实现并应用于室内植物工厂照明中；由多单色合成的全光谱白光 LED 可替代目前“蓝光 LED＋YAG 荧光粉”白光技术，在通用照明中展现出更为优异的光色性能[2]。

其次，LED 电路结构简单，体积紧凑小巧，目前工艺水平普遍可达毫米级别尺寸，一些实验室甚至已实现了微米级别的制作工艺。实际应用中可被视为点光源，由此能够实现空间维度中任意大小的灵活拼接与变化。今日城市天际线中巨型 LED 屏幕已不罕见，这是往大空间的应用；而诸多基于 LED 发光技术的便携式医疗、美容仪器，即为其往小空间的创新潜力。

最后，作为半导体器件，LED 开关时间可短至纳秒级别，采用脉冲宽度调制（pulse width modulation，PWM）技术可实现一系列上升沿与下降沿均陡峭的方波，其波形示例如图 1-2 所示。当方波频率高于人眼视觉临界融合频率（critical fusion frequency，CFF）时，通过调节功率开关管的导通时间 T_{on} 可调节其占空比［duty ratio，D，$D=T_{on}/T=T_{on}/(T_{on}+T_{off})$］，从而线性调节其出光强度[3]。该技术已被广泛用于通用照明调光中。

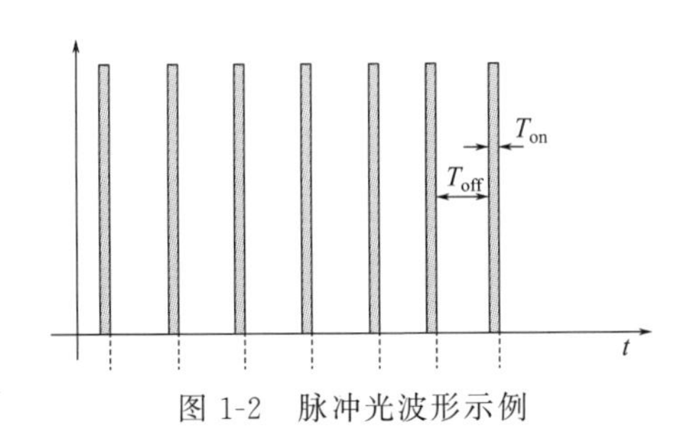

图 1-2　脉冲光波形示例

1.2　LED 的 PWM 调制与脉冲光

LED 在照明领域的飞速发展离不开高效、稳定的驱动电路，其伏安特性曲线如图1-3所示。由图可看出，当LED工作在正向导通状态时，其结压降U与正向电流I之间近似于对数关系。此时，电压产生的微小波动会引起电流的极大变化，若电压升高造成LED电流增加超过一定范围，会造成LED器件的永久性损伤[4]。另外，LED具有负温度倍数特性：当LED结温升高时，其内阻反而减少，从而导致LED电压降减小，电流进一步增大，结温则会进一步升高。这样的恶性循环最终会造成LED器件的烧毁[5]。此外，LED的亮度和其正向导通电流呈比例关系[6]，想要得到稳定的亮度输出就必须维持LED的工作电流处于基本恒定的状态。因此，驱动电路的主要功能就在于保证LED工作状态的稳定。

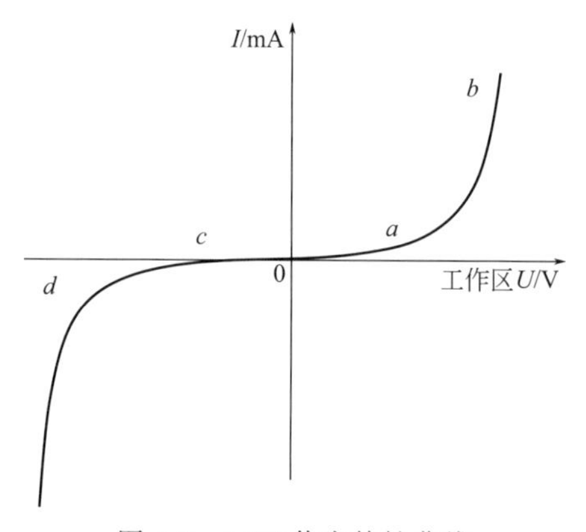

图1-3　LED伏安特性曲线

LED驱动电路的另一主要功能为调光，常见的调光方式有直流调光、脉冲宽度调制（PWM）调光等[7,8]。运用PWM技术对LED进行调光拥有诸多优点：相比于直流调光，PWM技术的线性度更好[9]；采用PWM技术可以有效解决LED色温漂移的问题[10]；调光范围非常宽，主流芯片均可达到1000∶1以上的调光比[8]。实际上，在目前的视觉照明中，调光越来越普遍，并且大部分都是采用PWM技术输出脉冲光进行照明[11]。如1.1节中所述，脉冲宽度调制技术的工作原理是保持开关工作周期T不变，通过调节功率开关管的导通时间T_{on}来调节占空比$D(D=T_{on}/T)$的大小。由于LED的开关时间很短，可以达到纳秒数量级，因此通过PWM技术可以方便地对LED进行调光控制。只要LED输出的脉冲光的频率大于人眼识别的临界融合频率，人眼就不会看到光的闪烁，因而可以作为日常照明使用。

如图1-4所示，采用PWM调光的LED，其输出光型为连续闪烁的方波，人眼对这种连续闪烁的方波的视觉特性引起了照明领域科研工作者的兴趣，本书将这种连续闪烁的方波统称为“脉冲光”。传统光源通过扇形转盘斩光等方式也可以产生连续的脉冲光，但是这样的“脉冲光”上升、下降时间在毫秒级别，且脉冲光波形的占空比较大[12]。而 LED 本身的响应时间在微秒甚至更小的纳秒级别，所以其输出的脉冲光的上升、下降时间也小于微秒级别。

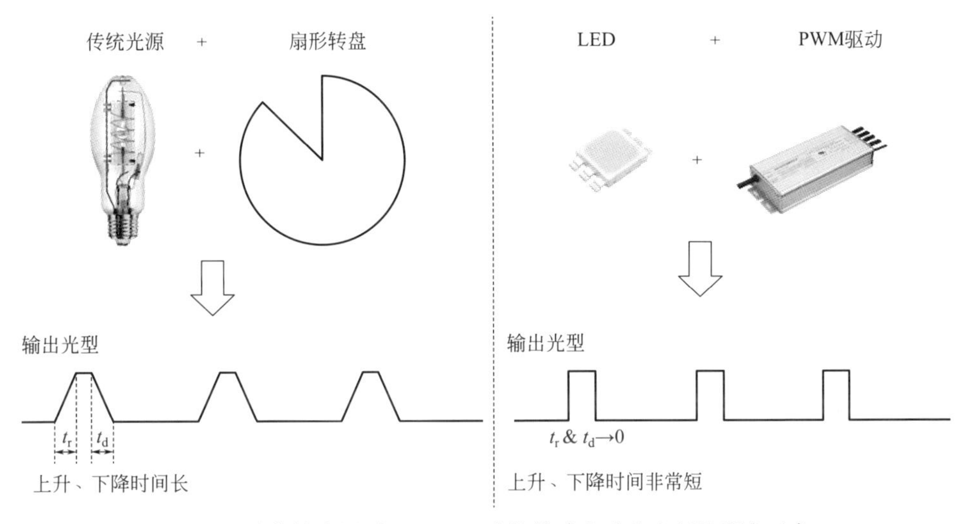

图 1-4　从传统光源到 LED——连续脉冲光成为全新的研究对象

近年来，有多位科学家研究发现人眼在观察相同强度的脉冲光和直流光时，视觉的感知亮度并不一样，这表明了人眼的内部存在某种非线性过程，该过程的响应特性和脉冲光的调制参数有关。此外，人眼对脉冲光的视觉亮度感知不同于直流光，这意味着连接人眼视觉感知量与物理量的桥梁——光谱光视效率函数出现了差异。

1.3　脉冲光度学的研究意义

在可见光波长范围内，考虑到人眼视觉的光谱响应特性后的相应计量学科称为光度学，光度学定义了光通量、发光强度、照度、亮度等主要光度学参量，形成了照明测量与照明应用的基础，是照明学科最重要的基础理论之一。目前的光度学标准主要是基于由国际照明委员会（Commission Internationale de l'Eclairage，CIE）推荐的两条光谱光视效率函数，即明视觉光谱光视效率函数 $V(\lambda)$ 和暗视觉光谱光视效率函数 $V'(\lambda)$[13, 14]。在照明领域，明视觉的应用场景较多，因此 $V(\lambda)$ 得到了广泛的应用，所有的光度学量都是基于明视觉函数计算而来。其中，视亮度（brightness）是常用的光度学量之一，它和辐射亮度之间的关系可由下式进行描述[15]，

$$L = K_{m}\int V(\lambda)L_{e}(\lambda)d\lambda \tag{1-1}$$

式中，K_{m} 为人眼的最大光谱光视效能；$L_{e}(\lambda)$ 为光源在波长为 λ(nm) 处向外辐射的辐射亮度。$V(\lambda)$ 是连接物理量和光度量之间的桥梁，而式(1-1)是光度学的主要物理表达式。其中包含如下两方面的意义：①光度学的基本物理量——亮度是线性的；②人眼对不同波长光的感受强度是不一样的。

光度学是 1760 年由朗伯建立的，并在 20 世纪初由国际照明委员会（CIE）对其中的人眼视见函数进行了统一。光度学的物理量包括光通量、照度、亮度、发光强度等，是用于描述人眼对光线感受强度的一门实验科学。可以说光度学的物质基础是光源，在光度学的建立过程中的各项研究都是基于现实存在的各种光源的。在朗伯建立光度学时，当时的主要光源是太阳光及煤油灯等少数人造光源，而电光源的出现是 19 世纪的事情，进入 20 世纪，各种电光源包括荧光灯、钠灯、汞灯、金卤灯等气体放电灯大量出现。在这些光源的发展过程中，光度学一直以成熟科学的形式存在，没有什么大的发展，这主要是因为在这些光源的照明下，光度学基本能够表征人眼对光的感受。但是，仔细研究这些光源，我们会发现，它们输出光的时间上都是稳定的，或者接近稳定的。而近年来，LED 技术的发展，使其快速地进入各种照明领域，目前已经成为主流光源。且由于 LED 的特性，使其常以 PWM 进行工作，因而输出光如图 1-2 的形式的脉冲光。因而，光度学需要回答在脉冲光形式下，人眼对光的感受如何？相应的物理量的主要表达式即式(1-1) 是否需要修正？若人眼对脉冲光的视觉亮度感知不同于直流光，那么 $V(\lambda)$ 的数值就需要进行修正，使得针对脉冲光的照明测量与应用更加的科学与准确。这就是脉冲光度学的意义。

作为具有普通照明意义的脉冲光光源，其融合频率必须高于人眼临界融合频率（CFF），一般来说是 50Hz 以上。这是本书研究的脉冲光的范畴。但是，在实际的应用中，还有两种情况，一种是单次或者几次闪烁的光源，如闪光灯，再一种是作为特殊用途的低频率的闪烁光。与稳定的连续光对比，我们姑且把包括这三种情况的统称为闪烁光。

在光度学与色度学的发展过程中，已经有许多科学家针对闪烁光的视觉效应展开了相关研究，得到了不尽一致的结论。1902 年，Broca 和 Sulzer 研

究发现当人眼观察单次闪烁光线时，人眼的感知亮度会比该光线的实际亮度大几倍[16]，该效应称为Broca-Sulzer效应。随后，Bartley等的研究同样发现了上述效应[17~19]。Broca-Sulzer效应的存在说明人眼视觉系统中存在着非线性的过程。另外，早在19世纪时，Talbot[20]和Plateau[21]的研究发现，当频闪光的融合频率高于临界融合频率时，人眼感知的视觉亮度与该频闪光的平均亮度一致，该效应也称为Talbot-Plateau效应。Nelson和Bartley于1964年采用当时的电子技术重复了Talbot的实验，获得了与Talbot类似的结论[12]。上述两种效应分别对应着单次闪烁和连续闪烁两种不同的情况。在大多数情况下，Talbot-Plateau效应被证明是成立的[21]，但是1998年Stockman和Plummer的实验研究发现Talbot-Plateau效应并不总是成立[22]，被试者在观察频闪光时，短波长锥状细胞的响应会发生偏移。需要指出的是，早期的该领域的研究产生连续闪烁光的办法都是用斩波器加连续光源产生，其输出光的上升与下降沿的时间都是毫秒（ms）级的。这与本文讨论的在当前LED技术下的脉冲光的微秒（μs）甚至更小的上升下降沿时间，是有差别的。

在上述段落已提到，部分科学家运用PWM技术通过LED产生波形较好（上升下降时间在微秒级别）且占空比较小（5%或10%）的脉冲光来进行视觉匹配实验，发现人眼在观察占空比较小的脉冲光时会产生视亮度增强效应，这表明人眼内部存在针对低占空比脉冲光的非线性过程，此时Talbot-Plateau效应是不成立的。根据公式(1-1)，相同强度的光刺激，不论直流光还是脉冲光，其$L_e(\lambda)$都是相同的。也就是说，物理量和光度量之间的桥梁——光谱光视效率函数在脉冲光条件下发生了变化。因此，针对脉冲光的光度学研究就显得尤为必要。

而当照明进入LED时代后，日渐成熟的PWM调光技术意味着对于“闪烁”的调控变得更为精准便捷。当各种光频与占空比的脉冲光均易于实现且能做到灵活调节时，对于脉冲光的学理研究也重新受到重视。自2008年以来，国内外诸多研究团队相继投入研究，其成果衍生出“脉冲光度学”这一新的照明研究领域，一定程度上区别于传统中以直流光为研究对象的光度学理论体系。

目前，这些研究主要集中于探究脉冲光是否具有视亮度增强效应，以及是否因此带来节能的应用潜力。而同时，除却视觉效应，脉冲光是否也存在非视觉效应（即人体生理效应）也众说纷纭。此外，这些脉冲驱动所给予光源的有别于以往的不同特性，是否将对于光度学、色度学的学科基础有所改进，以及是否将会带来创新性的跨学科研究机遇（例如医学、农业等），更是有着巨大的研究意义与潜力。因此可以认为，本书的研究范畴为基于 LED 光源技术的脉冲光度学研究。

1.4 脉冲光的视觉感知有效强度

由 1.3 节所述内容可知，视亮度为一主观心理感知量。人眼对光的主观亮度感知，基于其客观物理亮度水平的同时，也受到该光刺激时间特性的影响（脉冲光抑或是直流光），因此视觉感知有效强度并非简单的等同于光源的实际发光强度。诸多研究就闪烁光（脉冲光）的视觉感知有效强度进行了实验测算与理论构思，其成果主要分为以下几类：Allard 方法[23]及 Ohno 等的修正[24]、Blondel-Rey 方法[25]及 Douglas 等的修正[26]、波形因子方法[27]及 Ikeda 计算方法[28]，阐述如下：

（1）Allard 方法及 Ohno 修正

Allard 于 1876 年首先提出光脉冲有效强度计算模型与思路，如下式所示：

$$q(t)=\frac{1}{a}e^{\left(-\frac{t}{a}\right)}$$

$$i(t)=I(t)*q(t) \tag{1-2}$$

式中，$i(t)$ 为人眼所主观感知的光脉冲瞬时强度；$I(t)$ 为光脉冲的实际瞬时强度；a 为模型参数；$q(t)$ 在此定义为视觉响应函数，$i(t)$ 为 $I(t)$ 与 $q(t)$ 的卷积。

而对于脉冲持续时间小于 1s 的脉冲方波，该方法偏差较大[24]。因此 Ohno 等提出了一种修正方法，整体思路不变，但将视觉响应函数 $q(t)$ 的表达式修改为：

$$q(t)=\frac{0.5}{0.113}e^{\left(-\frac{t}{0.113}\right)}+\frac{0.5}{0.869}e^{\left(-\frac{t}{0.869}\right)} \tag{1-3}$$

经公式整理，I(t) 在冲击时间内为参数 I，则 i(t) 可表示为：

$$i(t)=\begin{cases}0, t<0\\ \frac{I}{2}\left[2-e^{\left(\frac{-t}{0.113}\right)}-e^{\left(\frac{-t}{0.869}\right)}\right], 0<t<\tau\\ \frac{I}{2}\left[e^{\left(\frac{\tau-t}{0.113}\right)}+e^{\left(\frac{\tau-t}{0.869}\right)}-e^{\left(\frac{-t}{0.113}\right)}-e^{\left(\frac{-t}{0.869}\right)}\right], \tau<t<T\end{cases} \tag{1-4}$$

式中，τ 为脉冲冲击时间；T 为脉冲周期；$i(t)$ 为瞬时有效强度值。将其在脉冲周期时间域中进行积分，即可得到脉冲光视觉感知有效强度的计算值。

（2）Blondel-Rey 方程及 Charles-Douglas 修正

Blondel-Rey 方法于 1912 年被提出，可表述为：

$$i=\int_{t_1}^{t_2}\frac{I}{a+t_2-t_1}\mathrm{d}t \tag{1-5}$$

式中，I 为周期内的实际瞬时发光强度；a 为由实验测量得出的常量，取值为 0.2。

基于该研究，1957 年 Douglas 和 Charles 提出式(1-5) 也同样适用于连续闪烁光（a train of pulse)，仅需基于连续光波形重新定义周期顶点t_1与t_2即可。该公式修订如式(1-6) 所示，也被称为 Blondel-Rey-Douglas 方程。

$$i=\int_{t_1}^{t_a}\frac{I}{a+t_a-t_1}\mathrm{d}t+\int_{t_b}^{t_c}\frac{I}{a+t_c-t_b}\mathrm{d}t+\cdots+\int_{t_z}^{2}\frac{I}{a+t_2-t_z}\mathrm{d}t \tag{1-6}$$

式中，I 为周期内t 时刻的实际瞬时强度；t_a为该连续脉冲中第一个脉冲的结束时刻；t_b则为第二个脉冲的开始时刻，以此类推。

需注意，该两个方程的提出是基于微弱强度下的白光光源视觉实验数据，因此会对其应用有一定的局限性。

（3）Clausen 波形因子方法

1968 年，Schmidt-Clausen 提出波形因子（form factor）的概念，并基于此给出非规整方波有效强度的简单计算方法，如下式所示：

$$I_e=\frac{I_{max}}{1+\frac{a}{FT}}$$

$$F=\frac{\int_0^T I(t)\mathrm{d}t}{I_{max}} \tag{1-7}$$

式中，F 为波形因子；I_{max}为全周期中的光强峰值。

（4）Ikeda 公式

由上述可知，许多与脉冲光视觉感知有效强度计算相关的研究都较为古早，因而在更为近期的研究中，Ikeda 等的成果是相较重要的一项。

Ikeda 脉冲光视觉感知有效强度计算公式为：

$$I(t)=[1+3.6\exp(-T/0.0004)]\times\frac{\int_{t_1}^{t_2}i(t)\mathrm{d}t}{0.18+\mathrm{abs}(T-0.03)} \quad (1\text{-}8)$$

式中，$i(t)$ 为实际瞬时光强度；abs 为绝对值运算符。在此需要注意的是，这里的 T，即“duration”概念，与本书中的脉冲光占空比含义是内在一致的，而非与脉冲光时间周期含义一致。因为在单脉冲的研究中是没有周期这一概念的，T 即为脉冲实际产生光刺激的时间，即为 on 状态。

而又易知，一段光波形的平均强度可计算为：

$$I(t)=\frac{\int_{t_1}^{t_2}i(t)\mathrm{d}t}{t_2-t_1} \quad (1\text{-}9)$$

式中，$i(t)$ 同样为实际瞬时光强度；t_1与t_2为周期两端点。

因此，该公式的一项重要应用即为计算“视亮度变化倍数”，可定义为视觉感知有效强度与平均强度之比。将公式(1-8) 与式(1-9) 求商即可得到相应数值。

在 2008 年 Jinno 等对于脉冲光视亮度增强效应的研究[28,29]中，为了对照实验所得视亮度增益系数，引用了 Ikeda 等提出的脉冲光视觉感知有效强度计算公式，以计算该文章实验参数下的有效强度理论计算值。根据后者，5%、60Hz 的脉冲光视觉感知增强倍数计算得为 5.38，而实际实验测得的增强倍数仅为 1.01～2.22，两者相差较大。然而在该文献中未对差异原因做进一步深入探究。

本书在此简单分析其原因：阅读原始文献可发现，该公式的提出是基于 Ikeda 等所进行的单脉冲视觉研究实验，而单脉冲与连续方波脉冲的视觉响应机制是否有内在不同，则需更多的实验探究与数据支撑。

以上各脉冲光视觉感知有效强度的研究，主要着重于单脉冲的研究，并且公式的推导基于具体的某一次或某一些实验数据。因此本书认为，这些有效强度不适宜直接应用于本书所述的 LED 连续脉冲光的相关计算，但也依然可作为重要参照。另外，以上的研究，仅仅对少数几个波长的光进行了研究。如式(1-8) 的待定倍数是基于 490nm 与 510nm 视觉功效实验，因此若将该公式应用于其他波段的脉冲光，计算结果未必产生有效性。

本书的研究，着重于连续脉冲光，且频率大于人眼临界融合频率(CFF)，以及不同波长脉冲光的情况。这更适合于 LED 在 PWM 调光的实际应用情况，更有实际意义。

1.5 脉冲光视亮度增强效应的研究进展

目前，脉冲光视觉感知研究主要集中于探究脉冲光是否具有视亮度增强效应。在该细分研究领域中，主要研究队伍有日本爱媛大学的Masafumi Jinno教授团队[28~33]，以及复旦大学的刘木清教授团队[34~39]，其研究成果不间断发表于国际杂志与专业会议中。除此之外，美国国家标准与技术研究院（NIST）的Yoshi Ohno等于2010年就Jinno于2008年发表的研究成果进行重复实验，其结果整理发表于“Proceedings of CIE 2010”[40]。浙江大学叶辉等与浙江工业大学鄢波等也于2010～2014年间发表数篇相关论文，均聚焦于脉冲光视亮度增强效应为通用照明带来的节能潜力[41~43]。但因脉冲光视觉研究并非后三者团队的科研重点，故未有后续相关研究面世。

在现有研究[28~43]中，实验参数的选择各有侧重，经归纳有脉冲光波长、占空比、频率、背景亮度、脉冲波形及光源驱动方式等变量。这些实验研究的实验目的、参数选择与实验结论等信息将不在本章正文中具体展开，于表1-1中予以记录。

表1-1　脉冲光视觉感知增强效应的文献综述列表

<table>
<tr><td colspan="3">Jinno et al,2008[28]/ Jinno et al,2008[29]</td></tr>
<tr><td colspan="3">实验目的:脉冲光波长与占空比对视觉亮度增强效应的影响</td></tr>
<tr><td rowspan="2">自变量</td><td>波长</td><td>464nm、520nm、633nm(由窄带单色LED出光)</td></tr>
<tr><td>占空比</td><td>5%、10%</td></tr>
<tr><td>恒定量</td><td>频率</td><td>60Hz(高于人眼视觉临界融合频率)</td></tr>
<tr><td colspan="3">Fryc I, et al,2010[40]</td></tr>
<tr><td colspan="3">实验目的:脉冲光是否具有视觉亮度增强效应(对文献[21,22]的验证实验)</td></tr>
<tr><td>自变量</td><td>—</td><td>—</td></tr>
<tr><td rowspan="3">恒定量</td><td>光色</td><td>白光(由RGBA四元混色LED出光)</td></tr>
<tr><td>占空比</td><td>10%</td></tr>
<tr><td>频率</td><td>60Hz(高于人眼视觉临界融合频率)</td></tr>
<tr><td colspan="3">Motomura et al,2014[30]</td></tr>
<tr><td colspan="3">实验目的:脉冲光是否具有视觉亮度增强效应(采用同步驱动的方式消除色漂)</td></tr>
<tr><td>自变量</td><td>—</td><td>—</td></tr>
</table>

续表

恒定量	光色	6500K 白光(由蓝光 LED 加 YAG 荧光粉混色出光)
	占空比	10%
	频率	60Hz(高于人眼视觉临界融合频率)
Fan S L et al,2014[35,37]		
实验目的:脉冲光波长与占空比对视觉亮度增强效应的影响及其相加性研究		
自变量	波长	550nm、640nm(由单色 LED 出光)
	占空比	10%、20%、30%、40%、50%、60%、70%、80%、90%
恒定量	频率	100Hz(高于人眼视觉临界融合频率)
Fan S L et al,2016[38]		
实验目的:脉冲光波长与占空比对视觉亮度增强效应的影响		
自变量	波长	430nm、460nm、490nm、520nm、580nm、610nm、640nm(由白光 LED+窄带滤色片滤色出光)
	占空比	1%、2%、5%、10%、20%、30%、50%、70%
恒定量	频率	60Hz(高于人眼视觉临界融合频率)
高维惜等,2013[35] / Xin G et al,2012[34]		
实验目的:脉冲光占空比与背景光对视觉亮度增强效应的影响		
自变量	占空比	10%、30%、50%、70%、90%
	背景亮度	约 0、1.59cd/m²、3.81cd/m²、8.39cd/m²、21.74cd/m²
恒定量	光色	3500K 白光(由蓝光 LED 加 YAG 荧光粉混色出光)
	频率	100Hz(高于人眼视觉临界融合频率)
郭雄彬等,2010[41]		
实验目的:脉冲光是否具有视觉亮度增强效应		
自变量	—	—
恒定量	光色	白光(由蓝光 LED 加 YAG 荧光粉混色出光)
	占空比	12.5%(该数值的选取是因为这是本实验所用信号发生器的极限低值占空比。)
	频率	60Hz(高于人眼视觉临界融合频率)
霍旭东等,2014[42,43]		
实验目的:不同占空比的脉冲光是否具有视觉亮度增强效应		
自变量	占空比	20%,30%,40%,50%,60%,70%,80%

续表

恒定量	光色	3200K 白光(由蓝光 LED 加 YAG 荧光粉混色出光)
	频率	恒定(具体取值不明,高于人眼视觉临界融合频率)
Kukačka L et al,2016[31]		
实验目的:脉冲光方波波形对视觉亮度增强效应的影响		
自变量	波形	四种不同的波形(上升沿、下降沿斜率不同)
恒定量	光色	6500K 白光(由蓝光 LED 加 YAG 荧光粉混色出光)
	占空比	10%
	频率	60Hz(高于人眼视觉临界融合频率)
Lassfolk C et al,2016[32]		
实验目的:脉冲光驱动方式与是否匀光对视觉亮度增强效应的影响		
自变量	驱动方式	同步驱动、异步驱动
	是否匀光	是(通过在光源表面加滤色片的方式)、否
恒定量	光色	6500K 白光(由蓝光 LED 加 YAG 荧光粉混色出光)
	占空比	10%
	频率	60Hz(高于人眼视觉临界融合频率)

除却 Ohno 等得到的实验结论是脉冲光不具有视亮度增强效应[40]，其余研究均给出肯定结果。基于此，本书将统一一个名字“视亮度增益系数”，也简称为增益系数。也就是说，脉冲光增强效应是中性的，增益系数可以大于、小于或等于 1.0。

定性层面如此，然而对于定量层面而言，各实验所测得的脉冲光视亮度增益系数却不尽相同——该概念之具体定义见后述章节，在此可先理解为增强效应强弱的量化表征。视亮度增益系数的测算值具体有 1.5～2.7 倍[29]与 1.01～2.22 倍增强[28]（均对应于 60Hz、5%占空比调制的红蓝绿光）；1.7 倍增强[38]（对应于 100Hz、2%占空比、430nm 的单色蓝光）；1.17 倍[34,35]、1.3 倍增强[30]及 1.5 倍增强[41]（均对应于不同色温下的白光）等。简单分析，这些具体数值的差异可能来源于实验方法的不同、所用 LED 光源及产生方式的不同，以及数据处理层面的不同。

对于视亮度增强效应与脉冲光调制参数之间的映射关系，鄢波等的研究证明[42,43]：当视亮度相等时，脉冲驱动下 LED 光源所耗的电功率小于直流驱动下的相应情况；占空比越小其现象越明显，且当占空比大于 70%时该现象消失，如图 1-5 所示。该结论也定量地于其他研究结果中被证明，如文献［38］表明，视亮度增强效应和脉冲光占空比之间呈现指数型映射关系，占空比越小则增强效应越强。且当脉冲光波长不同时，其数学拟合关系也有差异，如图 1-6 所示。而文献［36］则表明，视亮度增强效应和脉冲光占空比之间为线性关系，如图 1-7 所示。简单分析，后二者数学拟合层面的差异可能来源于实验所使用的光源不同（单色光与复合白光），以及所研究的占空比范围不同。

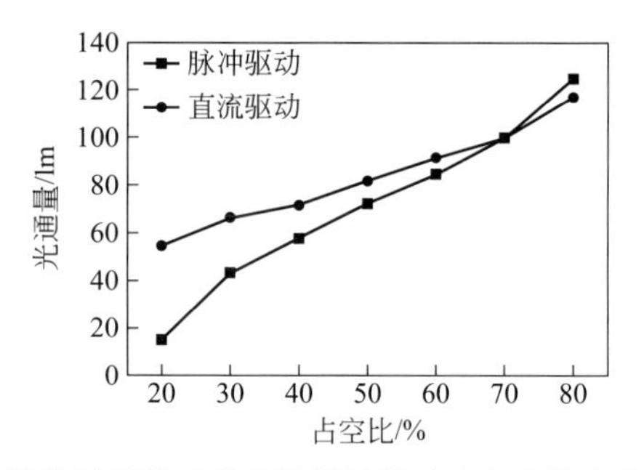

图 1-5　视亮度相等时的光通量随脉冲占空比的变化规律[43]

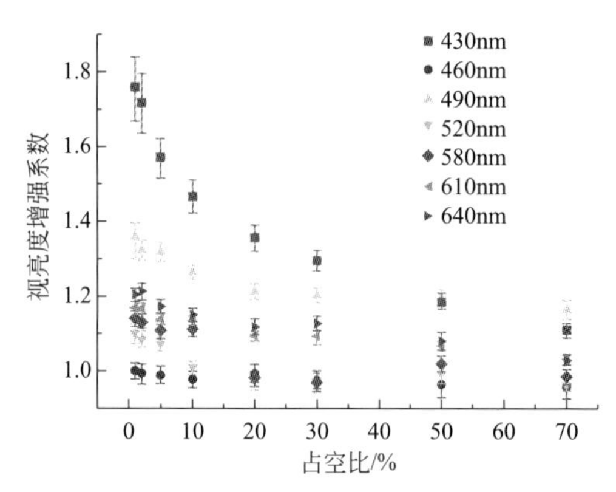

图 1-6　视亮度增益系数和占空比及波长之间的数据关系[38]

除了定量、定性探索脉冲光波长与占空比对于视亮度增强效应的影响，研究者也同样关注其他研究方向。如 Jinno 教授团队的研究表明，只有上升与下降沿均陡峭的规整方波，才能产生显著的脉冲光视亮度增强效应[31]。同时，光源表面是否添加漫反射匀光材质不会改变该效应的产生与否[32]。刘木清教授团队的研究表明，脉冲光符合亮度相加性理论，即 Abney 定律[38,44]；且暗环境下脉冲光视亮度增强效应最为显著，随着背景光亮度的提升该效应则会随之减弱[35]。更进一步地，结合实验数据与视网膜锥细胞光谱灵敏度曲

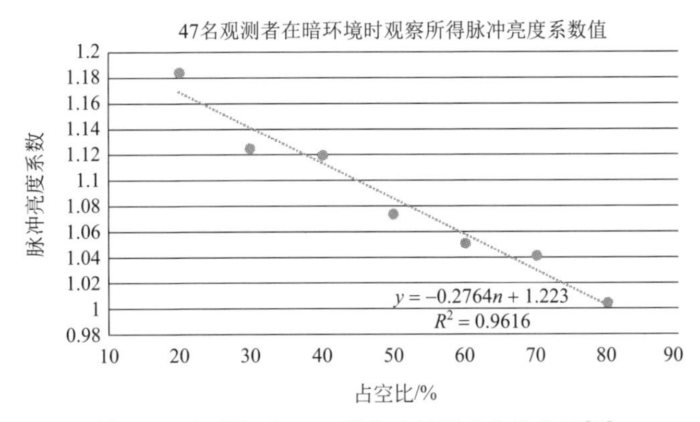

图 1-7 暗环境下 LED 视觉功效提升倍数曲线[35]

线[22]，文献［38］探索性地首次建立了适用于脉冲光的光谱光视效率函数，在“脉冲光度学”领域有着重要意义。此外，不同调制参数的脉冲光照射刺激对生物体生理指标的影响，即脉冲光的非视觉效应，也开始有初步的探索[36,39]。

1.6 脉冲光非视觉生理效应的研究进展

光对人生理的影响是照明领域的热点研究之一，但因传统光源难以调制出稳定脉冲光，大部分的研究都是针对非脉冲闪烁进行的。

在长期的应用和研究中，科学家们已经发现低频的周期性光源对人存在许多危害性。例如，当转动物体的运动频率是光源周期性融合频率的整数倍时，视觉系统会感知不到物体的转动，这种现象也被称为频闪现象。频闪现象在很多工业生产等领域会给操作人员带来极大的风险。

此外低频的周期性闪烁光源对于人的生理健康等也存在一些危害。英国科学家 DC West 等通过研究发现，低频闪烁光会对眼球运动造成一定的干扰[45]。美国科学家 PA Kowacs 等利用刷新频率在 60Hz 左右的显示屏进行研究，发现会对被试者造成一定的偏头痛[46]。英国剑桥大学的威尔金斯通过研究发现，闪烁光会导致受到光照的人员视觉迅速疲劳，并带来头痛等不良症状。此外科学家们还发现长期接受闪烁光刺激可能会对人的视觉系统的发育等带来很多危害性。研究人员们通过对比闪烁光和自然光照射下豚鼠的眼球发育情况发现，闪烁光会影响豚鼠的眼球屈光度和眼轴，会诱导近视的产生[47~49]。

对于频率高于CFF的闪烁光科学家们也进行了一系列的研究。1954年荷兰飞利浦实验室研究员 de Lange Dzn H 研究发现人眼的临界频闪频率与观察面的平均亮度与调制光的时间函数有关系[50]。1968年美国贝尔实验室的研究员 G Sperling 提出了一个大于10Hz情况下的闪烁光和视神经响应的简单模型[51]，他将其类比于电学里的RC电路模型。1974年美国科学家 Bowen RW 提出了类似观点，由于人眼对光刺激存在视觉残留现象，所以视网膜的反应并不能随着闪烁光的开始而开始，也不能随着闪烁光的结束而结束[52]。

1988年英国研究院发现在50Hz的交流电驱动的荧光灯会导致头痛与眼疲劳[53]。1991年美国加州伯克利的研究人员通过采集视网膜电流并与光波形进行对比发现，在高于临界融合频率的情况下，人体视网膜电流依旧会对光信号产生响应[54]。1991年英国 Kennedy A 博士利用显示器，对比被试者在直流光、50Hz闪烁光、100Hz闪烁光三种情况下阅读时眼球的运动情况，发现闪烁情况下眼球的扫视次数会增加等一系列不同于直流光的运动情况[55]。2001年瑞士研究员 Menozzi M 通过调节显示器的刷新率，从48Hz到75Hz来研究人眼的视觉辨识情况，研究发现较高的刷新率对提高人眼识别物体的能力有积极影响[56]。1995年加拿大科学家 Veitch J A 用三种不同色温的荧光灯进行研究，发现在闪烁光下人的视觉辨识力会有所下降[57]。1997年 S L McColl 与 J A Veitch 博士利用荧光灯进行实验，分别设定了一低一高两组融合频率对比了被试者的视觉舒适性，结果发现高频闪烁光相对于低频情况下可以显著增强人的视觉舒适性[58]。2013年 Chien Y 等发现融合频率和亮度对于视觉舒适性的影响很大[59]。2012年加拿大视觉研究中心 Thabet M 等研究人员利用被试者观察刷新率为120Hz的显示器上的图案，发现被试者长时间观察后会产生明显的头痛[60]。2014年复旦大学医学院研究了频闪对豚鼠眼球发育的影响，并与国内外相关实验结果进行对照，发现瞬时刺激和持续的频闪光刺激产生的结果可能有差异；不同物种间在眼球发育过程中确实会产生不同的特性；眼球感知对某些特定频率可能更有倾向性，而不同的频率并不都会产生同样的感知效果[61]。2005年英国科学家在多个光环境下测试人眼的辨识力，发现在室内荧光灯下辨识力相对较弱[62]。2001年北京大学儿童青少年卫生研究所对比观看无闪烁电视和闪烁电视3h后人体视觉功能的变化，发现视屏闪烁会影响视觉调节功能，可导致视觉系统紧张而出现视疲劳[63]。2013年日本科学家研究发现视觉闪烁会在脑电波上产生响应，并提出了相关的视神经网络模型[64]。2013年，同济大学研究了显示器引起的视觉疲劳，发现会对临界频闪频率产生影响，并且在心电图、瞳孔大小等生理指标上都能有所反应[65]。

参考文献

[1] Glemser M，Heining M，Schmidt J，et al. Application of light-emitting diodes in cultivation of phototrophic microalgae：current state and perspectives [J]. Applied Microbiology & Biotechnology，2016，100 (3)：1077-1088.

[2] 柳丝婉．八色合成全光谱白光LED的模拟计算 [A]．中国照明学会、台湾区照明灯具输出业同业公会．海峡两岸第二十四届照明科技与营销研讨会专题报告暨论文集 [C]．中国照明学会、台湾区照明灯具输出业同业公会，2017：8.

[3] 陈坚．电力电子学：电力电子变换和控制技术 [M]．北京：高等教育出版社，2009：10-12.

[4] 刘木清．LED及其应用技术 [M]．北京：化学工业出版社，2013：104-134.

[5] 施克孝．LED的驱动电源：LED知识（十）[J]．演艺科技，2012，67 (2)：16-19.

[6] 周志敏，纪爱华．开关电源驱动LED电路设计实例 [M]．北京：电子工业出版社，2012：49.

[7] Loo K H，Lun W K，Tan S C，Lai Y M，Tse C K. On driving techniques for LEDs：Toward a generalized methodology [J]. IEEE Transactions on Power Electronics，2009，24 (12)：2967-2976.

[8] 刘木清．LED及其应用技术 [M]．北京：化学工业出版社，2013：134-145.

[9] Garcia J，Dalla-Costa M A，Cardesin J，Alonso JM & Rico-Secades M. Dimming of High-Brightness LEDs by Means of Luminous Flux Thermal Estimation [J]. IEEE Transactions on Power Electronics，2009，24 (3-4)：1107-1114.

[10] Dyble M，Narendran N，Bierman A，Klein T. Impact of dimming white LEDs：Chromaticity shifts due to different dimming methods [A]. In：Ian T Ferguson，John C Carrano，Tsunemasa Taguchi，Ian E Ashdown. Fifth International Conference on Solid State Lighting [C]. Bellingham：SPIE，2005：291-299.

[11] Gacio D，Alonso J M，Garcia J，Campa L，Crespo M. High Frequency PWM Dimming Technique for High Power Factor Converters in LED Lighting [A]. In：Applied Power Electronics Conference and Exposition (APEC). 2010 Twenty-Fifth Annual IEEE [C]. Palm Springs，CA：IEEE，2010：743-749.

[12] Nelson T M，Bartley S H. The Talbot-Plateau law and the brightness of restricted numbers of photic repetitions at CFF [J]. Vision research，1964，4 (7)：403-411.

[13] CIE 2001. Photometry—The CIE system of Physical Photometry [S]. Vienna，CIE：2001.

[14] CIE 1988. 2 degree Spectral Luminous Efficiency Function for Photopic Visions [S].

Vienna，CIE：1988.

[15] Kaiser P K. Luminance and Brightness [J] . Applied Optics，1971，10 (12)：2768-2770.

[16] Broca A，Sulzer D. La sensation lumineuse en function du temps [J] . Journal de Physiologie et de Pathologie Generale，1902，4：632-640.

[17] Bartley S H. Brightness enhancement in relation to target intensity [J] . Journal of Psychology，1951，32：57-62.

[18] Baron W S，Boynton RM. Response of primate cones to sinusoidally flickering homochromatic stimuli [J] . Journal of Physiology-London，1975，246 (2)：311-331.

[19] Boynton R M，Baron W S. Sinusoidal flicker characteristics of primate cones in response to heterochromatic stimuli [J] . Journal of the Optical Society of America，1975，65 (10)：1091-1100.

[20] Talbot H F. Experiments on light [J] . Philosophical Magazine Series 3，1834，5 (29)：321-334.

[21] Plateau J. Sur un principle de photometrie [J] . Bulletins de l'Académie Royale des Sciences et Belles-lettres de Bruxelles，1835，2：52-59.

[22] Stockman A，Plummer D J. Color from invisible flicker：A failure of the Talbot-Plateau law caused by an early "hard" saturating nonlinearity used to partition the human short-wave cone pathway [J] . Vision Research，1998，38 (23)：3703-3728.

[23] Allard E. Mémoire sur l'intensité et la portée des phares Imprimerie Nationale，Paris，1876：62-73.

[24] Ohno Y，Couzin D. Modified Allard Method for effective intensity of flashing lights [A] . In：CIE Symposium on Temporal and Spatial Aspects of Light and Coulour Perception and Measurement，Expert Symposium [C] . Veszprem：Commission Internationale de I'eclairage，2002，2：23-28.

[25] Blondel A，Rey J. Sur la perception des lumiéres brévesà la limite de leur portée. Journal de Physique，juillet et aout，1911，643.

[26] Douglas C A，Computation of the effective intensity of flashing lights. Illuminating Engineering，1957，52 (12)：641-646.

[27] Schmidt-Clausen H J. Concerning the perception of various light flashes with varying surrounding luminances [D] . Darmstädter Dissertation D17，Darmstadt University of Technology，1968.

[28] Jinno M，Morita K，et al. Effective illuminance improvement of a light source by using pulse modulation and its psychophysical effect on the human eye [J] . Journal of Light & Vision Environment，2008，32 (2)：161-169.

[29] Jinno M，et al. Beyond the physical limit：energy saving lighting and illumination by u-

sing repetitive intense and fast pulsed light sources and the effect on human eyes [J] . Light Visual Environ, 2008, 32 (2): 170-176.

[30] Motomura H, Ikeda Y, et al. Evaluation of visual perception enhancement effect by pulsed operation of LEDs [A] . In: Proceedings of 14th International Symposium on the Science and Technology of Light [C] . Como, Italy: LS, 2014.

[31] Kukačka L, et al. Broca-Sulzer effect detection over critical fusion frequency for pulse operated white LEDs with varied pulse shape. In: Proceedings of 15th International Symposium on the Science and Technology of Light [C] . Kyoto, Japan: LS, 2016.

[32] Lassfolk C, et al. Brightness enhancement by pulsed operation of LEDs. In: Proceedings of 15th International Symposium on the Science and Technology of Light [C] . Kyoto, Japan: LS, 2016.

[33] Kukačka L, et al. On correct evaluation techniques of brightness enhancement effect measurement data [J] . Optical Engineering, 2017, 56 (11): 103-114.

[34] Xin G. Pulse modulation effect of light-emitting diodes on human perception enhancement [J] . Optical Engineering, 2012, 51 (7): 073608.

[35] 高维惜，顾鑫，沈海平，刘木清．人眼对于PWM驱动下的LED亮度感知水平的提高[J]．照明工程学报，2013，24 (3)：73-76.

[35] Fan S L, et al. Human perception on pulsed red and green lights [J] . Optical Engineering, 2014, 53 (6): 065105.

[36] Gu X, Liu M Q. The influence of pulse light on visual comfort and visual performance [C] . In: 14th International Symposium on the Science and Technology of Light Sources. Como, Italy 2014.

[37] Fan S L, et al. Nonlinear additivity of visual perception on pulsed red and green light [C]. In: Proceedings of 14th International Symposium on the Science and Technology of Light. Como, Italy: LS, 2014.

[38] Fan S L, et al. Influence of pulse width on luminous efficiency for a two-degree field [J]. Lighting Research and Technology, 2016, 49 (3): 357-369.

[39] Chen T R, Fan S L, Gu X, et al. Toward Pulse Photometry: Influence of Pulse Light on Luminous Efficiency and Physiological Effects [J] . Journal of Science and Technology in Lighting, 2017.

[40] Fryc I, et al. Experiment on visual perception of pulsed LED lighting-can it save energy for lighting [C] . In: Proceedings of CIE 2010 Lighting Quality and Energy Efficiency 2010. Vienna: CIE, 2010.

[41] 郭雄彬，傅建新，王永常，陆巍，叶辉．低占空比脉冲驱动对白光LED的“视觉亮度”及光效影响研究初探 [J]．光学仪器，2010，32 (5)：54-57.

[42] 霍旭东，鄢波，隋成华，郭雄彬，沈煜．不同驱动模式下白光 LED 光色电性能分析 [J]．光学仪器，2014，36 (6)：504-507.

[43] 霍旭东，鄢波，施建青，隋成华，郭雄彬，沈煜，魏高尧．基于“视觉亮度”的白光 LED 光色性能研究 [J]．照明工程学报，2014，25 (6)：27-31.

[44] Abney W，Festing ER. Colour photometry [J]．Philosophical Transactions of the Royal Society，1886，177：423-456.

[45] West D C，Boyce. P R. The effect of flicker on eye movement. Vision Research，1968，8 (2)：171-192.

[46] Kowacs P A，et al. Headache related to a specific screen flickering frequency band. Cephalalgia，2004，24 (5)：408-410.

[47] 程振英，等．闪烁光对豚鼠眼球发育及近视形成的影响．中华眼科杂志，2004 (9)：27-30.

[48] 王红，等．频闪光对发育期豚鼠近视的影响．环境与健康杂志，2007 (6)：388-390.

[49] 朱寅，俞莹，陈辉．闪烁光频率对 C57BL/6J 小鼠近视诱导的影响．中华眼视光学与视觉科学杂志，2012，14 (7)：434-437.

[50] de Lange Dzn H. Relationship between Critical Flicker-Frequency and a Set of Low-Frequency Characteristics of the Eye. Journal of the Optical Society of America，1954，44 (5)：380-388.

[51] Sperling G，Sondhi M M. Model for visual luminance discrimination and flicker detection. J Opt Soc Amer，1968. 58 (8)：1133-1143.

[52] Bowen R W，Pda J，Matin L. Visual persistence：Effects of flash luminance，duration and energy. Vision Research，1974，14 (4)：295-303.

[53] Wilkins A，Nimmo-Smith I. Slater A Fluorescent lighting，headaches and eyestrain. Lighting Research & Technology，1989，21 (1)：11-18.

[54] Berman S M，et al. Human electroretinogram responses to video displays，fluorescent lighting，and other high frequency sources. Optometry and Vision Science，1991，68 (8)：645-662.

[55] Kennedy A，Murray W S. The effects of flicker on eye movement control. The Quarterly Journal of Experimental Psychology，1991，43 (1)：79-99.

[56] Menozzi M，et al. CRT versus LCD：effects of refresh rate，display technology and background luminance in visual performance. Displays，2001，22 (3)：79-85.

[57] Veitch JA，McColl SL. Modulation of fluorescent light：Flicker rate and light source effects on visual performance and visual comfort. Lighting Research & Technology，1995，27 (4)：243-256.

[58] Veitch J A，McColl S L. 96/06101 Modulation of fluorescent light — Flicker rate and

light source effects on visual performance and visual comfort. Lighting Research & Technology，1997，27（6）：243-256.

[59] Chien Y，et al. Polychromatic High-Frequency Steady-State Visual Evoked Potentials for Brain-Display Interaction. SID Symposium Digest of Technical Papers，2013，44（1）：146-149.

[60] Thabet M，et al. The locus of flicker adaptation in the migraine visual system：A dichoptic study. Cephalalgia，2012，33（1）：5-19.

[61] 邸悦，等．频闪光对眼球发育及屈光影响研究进展．中国眼耳鼻喉科杂志，2014（1）：49-51，55.

[62] Jaén M，Sandoval J，Colombo E，et al. Office Workers Visual Performance and Temporal Modulation of Fluorescent Lighting. LEUKOS：The Journal of the Illuminating Engineering Society of North America，2005，1（4）：27-46.

[63] 马军，等．电视屏幕闪烁对人体视觉调节功能影响的研究．中国预防医学杂志，2001，3（3）：204-206.

[64] Sato N. Modulation of Cortico-Hippocampal EEG Synchronization with Visual Flicker：A Theoretical Study. In Advances in Cognitive Neurodynamics（Ⅲ），2013.

[65] 陈成明，等．VDT 视觉疲劳及其测量方法综述．人体工效学，2013，19（2）：92-95.

第2章

脉冲光度学研究的相关基础理论

本章介绍与脉冲光度学研究相关的部分视觉理论与光度学理论，包括：视网膜与其上三类光感受器（视锥、视杆、本征感光神经节细胞）的结构、特征与功能，三种视觉状态下人眼视觉系统的主要特征和 CIE 光度学系统的简要发展史，并对比分析了建立光度学系统的几种主要的实验方法，如异色亮度匹配法、分步比较法、最小边界法、闪烁法等。最后介绍了 Andrew Stockman 等测量得到的人眼视网膜锥状细胞灵敏度函数以及基于此灵敏度函数建立的光谱光视效率函数。

2.1 视网膜与感光细胞

众所周知，视觉系统对于人体而言是最为重要也最复杂的感觉通路，而眼睛是外界的光能刺激与人体产生交互的第一道媒介。人类的眼球是一个椭球体，前后直径大约为 25mm。沿着光线的传导路径，依次为角膜、瞳孔、虹膜、巩膜、晶状体、玻璃体、视网膜等组织结构，如图 2-1 所示。

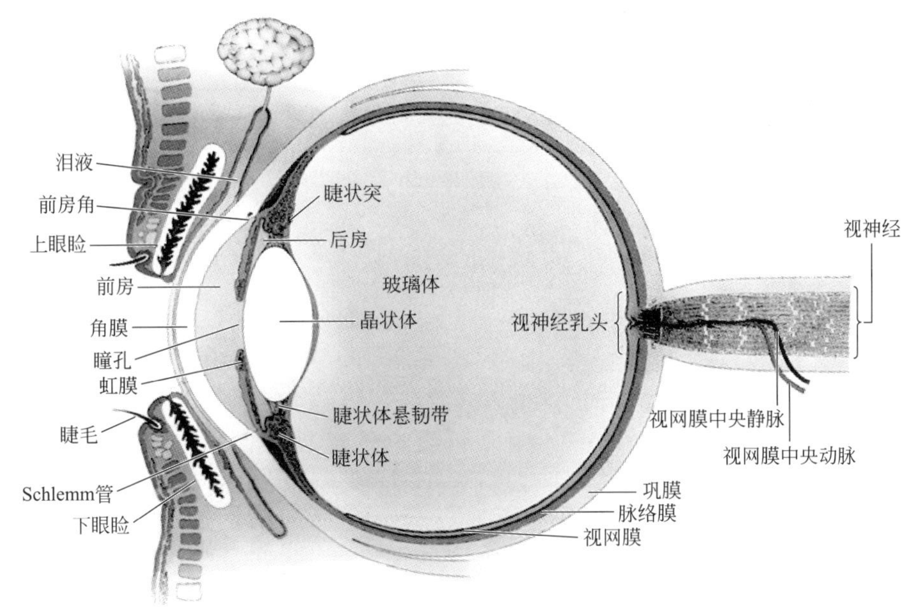

图 2-1　人眼结构示意图

人类视觉系统的运行是眼睛与大脑共同作用的结果，人眼的功能主要有感光功能与视觉信号处理功能两种[1]。感光功能，即光线经人眼的光学系统抵达视网膜，并在视网膜上形成物象；视觉信号处理功能，即视网膜将物象的光能转换并加工为神经冲动，经由神经节细胞将冲动传入人眼，从而产生视觉[2]。

其中，视网膜（Retina）是人体视觉系统的第一级功能结构，最为复杂也最为重要。视网膜前部组织结构将光线传导至视网膜，在其上感光成像，就像一台最普通的相机的原理。来自外界的光能刺激将激发视网膜上的一系列光化学与光电子连锁反应，最终引发神经冲动，以神经节细胞动作电位串的传输形式[3]向后级视觉系统传导光信息（其轴突形成视束），最终在大脑视皮层（Visual cortex）形成视觉感知。

外界光能从接触视网膜至经由视束离开视网膜共经五层结构，依次为光感受器细胞层、水平细胞层、双极细胞层、无长突细胞层与神经节细胞层[4]。如图 2-2 所示，光感受器细胞（Photo-receptorscells）、双极细胞（Bipolar cells）和神经节细胞（Ganglion cells）在其上组成纵向通路，水平细胞（Horizonal cells）和无长突细胞（Amacrine cells）在其上形成水平通路。因此视网膜是一个极为复杂的多层立体网络，而非简单地按序排列层次结构。

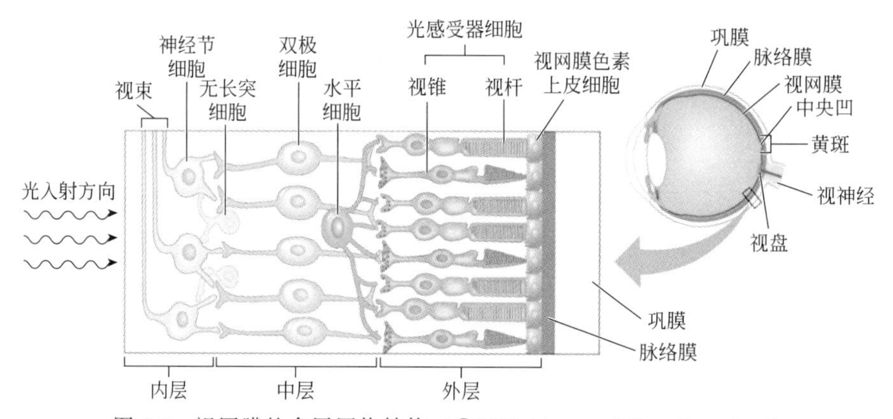

图 2-2　视网膜的多层网络结构（@2011 Pearson Education，Inc.）

视网膜上的光感受器主要可分为三类：视锥（Cone）细胞、视杆（Rod）细胞和本征感光视网膜神经节细胞（ipRGCs）。三者的共同作用构成了人眼视觉的第一级功能。

如图 2-3 所示，就分布而言，视锥细胞主要集中于视网膜中央凹处，且稍有偏离其组织密度则迅速下降；而视杆细胞则不同，其密度最高处离开中央凹处约 15°～30°，且中央凹区域不存在该光感受器细胞[4]。由于杆状细胞和锥状细胞在视网膜上分布情况的不同，导致了人眼的中心视觉和周边视觉有着很大的区别。就数量而言，视杆细胞的总体数量远远大于视锥细胞的总体数量。就光响应性而言，视杆细胞对强度更低的光刺激有着更高的灵敏度。视锥细胞则相反，但相比能更好地分辨物体的颜色与细节。此外，在不同的亮度等级下两者的活跃程度也不尽相同，具体在下一节中阐述。特别地，对于外界闪光刺激，视锥细胞的时间响应比视杆细胞更强，这意味着其闪烁融合频率高于后者。

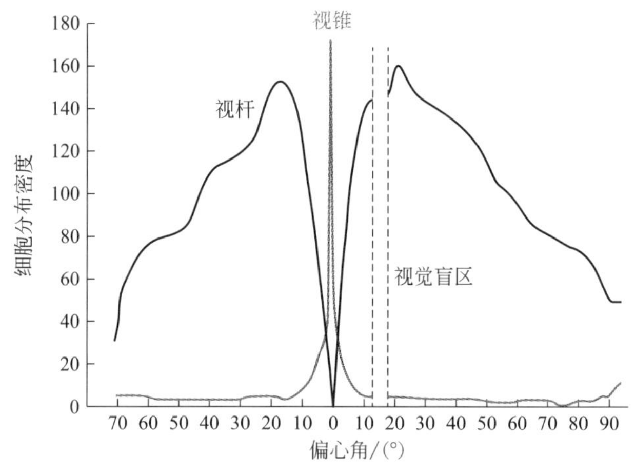

图 2-3　不同偏心角下视网膜光感受器细胞的密度分布概况

视锥按其对不同波长的光能的响应灵敏度程度可分为长锥（L-cone）、中锥（M-cone）与短锥（S-cone）三种，其所占比例分别为 64%、32% 与 2%[5]。当受到不同波长的光谱照射时，三种视色素会表现出不同的漂白程度，经过组合就产生了颜色视觉，这也是颜色视觉的赫尔姆霍茨三色学说的神经学基础，至今仍然是现代色度学的主要依据。视杆与视锥的相对光谱吸收曲线如图 2-4 所示。由图可知，视杆的吸收峰在 498nm，L-cone、M-cone 与 S-cone 的吸收峰分别在 564nm、534nm、420nm。值得注意的是，光谱光视效率函数可用锥状细胞灵敏度曲线的线性叠加来表示[6]。

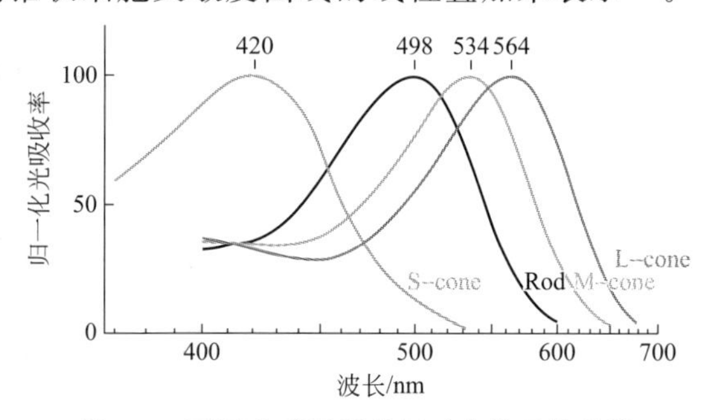

图 2-4　不同光感受器的相对光谱吸收曲线

长期以来，学界普遍认为视网膜上的光感受器只有视锥与视杆二者。而在21世纪初，本征感光视网膜神经节细胞（ipRGCs）的发现[7]，使人们对人眼视觉系统的复杂性有了新的认知。ipRGCs稀疏而均匀地分布于其余神经节功能细胞中，其感光成分为黑色素视蛋白（melanopsin）[8]。经研究，其生理结构与作用方式完全不同于其他的视网膜光感受器，相比之下它在时间域响应更慢，且空间分辨率更差。ipRGCs主要参与瞳孔对光的反射、褪黑色素分泌从而调节昼夜节律等非视觉层面的生理过程，但对于视觉也有一定的调控，表现为与视杆、视锥存有线性及非线性交互作用[9]。

作为光感受器的一种，同样地，ipRGCs也有相应的相对光谱吸收曲线。对于该曲线的研究分为两类方向，其一是以光对于褪黑色素抑制作为表征，其二是以光对于瞳孔收缩的影响作为表征。相应所得的吸收曲线峰值有所差异，如图2.5(a)与图2.5(b)所示。前者的吸收峰约为464nm处[10]，后者的吸收峰则约在491nm处[11,12]。

总结而言，ipRGCs在数目形态、作用方式、光响应等方面皆与视杆、视锥有一定的差异。其传导机制及模型远比想象的要复杂，存在诸多有待进一步研究之处。

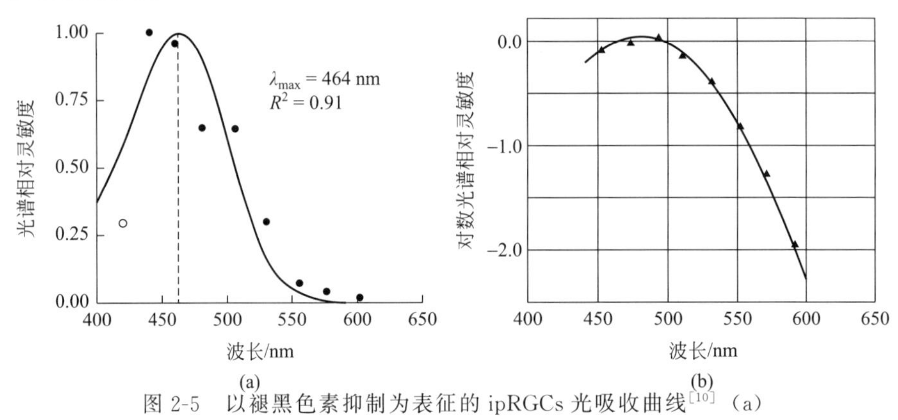

图2-5 以褪黑色素抑制为表征的ipRGCs光吸收曲线[10]（a）及以瞳孔收缩为表征的ipRGCs光吸收曲线[11]（b）

总结而言，经过神经生理学研究，人眼视觉信息传递通道主要有三个：一是视觉传递通道，从视网膜开始，经过视神经、视交叉、视束、外侧膝状体、视放射，最后到达视觉皮层，形成人的视觉感受。二是视觉运动传递通路，是通过视神经束中的一部分分支与中脑的上丘和顶盖前区相连，影响眼球的运动。三是视觉调制生物节律通路，视神经束与下丘脑相连，对视交叉上核进行作用。

2.2 明视觉、暗视觉与中间视觉

由于锥状细胞和杆状细胞具有不同的视觉功能，两种细胞的光谱灵敏度曲线也不同，因此在外界亮度发生变化时，人眼也表现出不同的视觉规律。根据外界的亮度等级，可以将人眼的视觉规律分为明视觉、暗视觉与中间视觉[13,14]。

① 明视觉　当亮度大于 3cd/m^2 时，锥状细胞是主要作用的感光细胞，此时人眼对光谱的响应即为明视觉光谱光视效率函数 $V(\lambda)$，响应峰值在 555nm 附近。明视觉状态下人眼的瞳孔较小，属于中心视觉，能分辨物体的微小细节，也有色彩的感觉。

② 暗视觉　当亮度小于 0.001cd/m^2 时，杆状细胞起主要作用，此时人眼对光谱的响应即为暗视觉光谱光视效率函数 $V'(\lambda)$，响应峰值在 507nm 附近。暗视觉状态下，为了接收更多的光线，人眼的瞳孔变大，因而是周边视觉。此时人眼只能看清物体的轮廓，不能分辨细节，也很难分辨颜色。

③ 中间视觉　当亮度介于 0.001cd/m^2 与 3cd/m^2 之间时，由于亮度已超过视锥的反应阈值，此时视杆与视锥共同产生功能作用。

明视觉与暗视觉的人眼光谱光视效率函数如图 2-6 所示，其响应峰值分别位于 555nm 与 507nm 处[15]。而中间视觉下状态，视锥和视杆共同产生作用，且二者的相对活跃程度受亮度水平的变化而改变。这导致了人眼光谱响应特性的相对复杂性，因此需要一系列的光谱光视效率函数才能对其做准确描述。此外，L-cone、M-cone、S-cone 以及视杆之间存在的非线性交互作用会引起相加性问题[9]。因此确定中间视觉状态下的光谱光视效率函数是一项

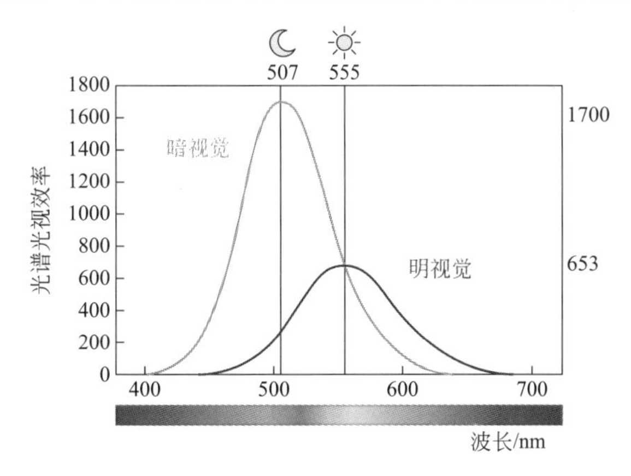

图 2-6　不同视觉状态下的人眼光谱光视效率函数曲线 [图片来自 Google]

十分复杂的工作，有待持续投入研究。

上述三种视觉状态及两种感光细胞对应的亮度区域如图 2-7 所示，一般地，白天室外环境以及室内照明环境属于明视觉范围；夜间室外照明属于中间视觉范围；深夜无人工照明的环境属于暗视觉范围。明视觉所属的亮度范围最广，应用范围也最广。

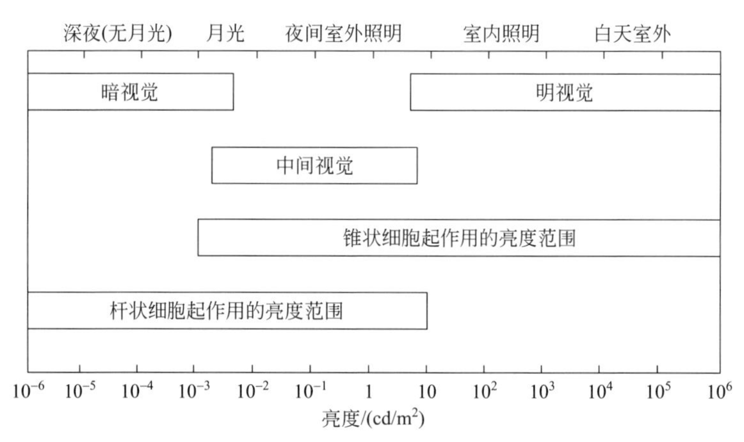

图 2-7　明视觉、暗视觉、中间视觉以及两种感光细胞对应的亮度区域

2.3　光谱光视效率函数

2.3.1　辐射度量与光度量的转换

由于照明的效果最终需以人眼来评定，因此照明光源的光学特性是以基于人眼视觉的光度量来描述的。常见的光度量有光通量、光强度、光亮度等，光度量和辐射度量之间的关系是通过人眼的光谱光视效率函数连接起来的。以亮度为例，

$$L=K_m\int V(\lambda)L_e(\lambda)\mathrm{d}\lambda \tag{2-1}$$

式中　L——光亮度；

K_m——人眼的最大光谱光视效能；

$V(\lambda)$——明视觉条件下人眼的光谱光视效率函数；

$L_e(\lambda)$——光谱辐射亮度。

由于人眼对于不同波长的光相对敏感度不同，因此不同波长的光即使辐射亮度相同，人眼观察到的光亮度并不相同，在将照明光源的辐射度量转换

为光度量时需要根据 $V(\lambda)$ 进行加权计算。CIE 推荐的光谱光视效率函数将辐射度量和光度量联系在一起，实现了同时考虑辐射能量和考虑人眼作用后对照明特性的度量。

需要注意的是，式(2-1) 所使用的是明视觉条件下的光谱光视效率函数 $V(\lambda)$，对应的 K_m 为明视觉条件下的最大光谱光视效能（683lm/W）。若照明的应用场景为暗视觉，则光谱光视效率函数应改为 $V'(\lambda)$，同时最大光谱光视效能也应改为 K'_m（1700lm/W）。结合上一小节图 2-7 所示的内容，白天室外环境以及绝大部分室内照明环境均属于明视觉范围，因此 $V(\lambda)$ 也成为照明测量与应用中最常用的光谱光视效率函数。

2.3.2　光度量的相加性问题

CIE 光度学系统定义的亮度是具有相加性的，称为 Abney 定律[32]。实际上日常应用中亮度也通常采用叠加的方式来计算。然而，亮度的相加性并非在所有条件下都成立，相加性失效的两种现象分为次相加问题（sub-additivity）以及正相加问题（supra-additivity）。次相加问题表现为人眼感知的总亮度小于各成分波长的亮度之和[33]，这种现象主要是由于三种不同的锥状细胞（S-cone、M-cone 和 L-cone）之间的非线性交互作用引起的，也称为 Helmholtz-Kohlrausch 效应。正相加问题表现为人眼感知的总亮度大于各成分波长的亮度之和，这种现象主要存在于中间视觉状态下，因而被认为是锥状细胞和杆状细胞之间的非线性交互作用引起的。

目前，对于次相加问题的一种解释是基于视觉颜色通道的中央凹视觉的双视通道模型。如图 2-8 所示，视网膜上的三种锥状细胞接收到光信号后将光能转换为神经冲动，并经神经节细胞从两个颜色通道与一个非颜色通道传入视觉中枢。非颜色通道亮度可以线性叠加，而颜色通道是将三种锥状细胞的神经冲动组合成蓝-黄色拮抗通道与红-绿色拮抗通道，因而不符合亮度相加性。

脉冲光亮度的相加性目前还没有科学家进行相关研究，一方面目前脉冲光的视觉亮度增强效应依然存在争议，另一方面由于涉及占空比等参数，使得脉冲光的相加性研究十分复杂。

2.3.3　光谱光视效率函数的定义

光谱光视效率函数是在特定的实验条件下（如视场角、亮度水平等），采用一定的实验方法（最小边界法、闪烁法等）进行心理物理学实验测量得

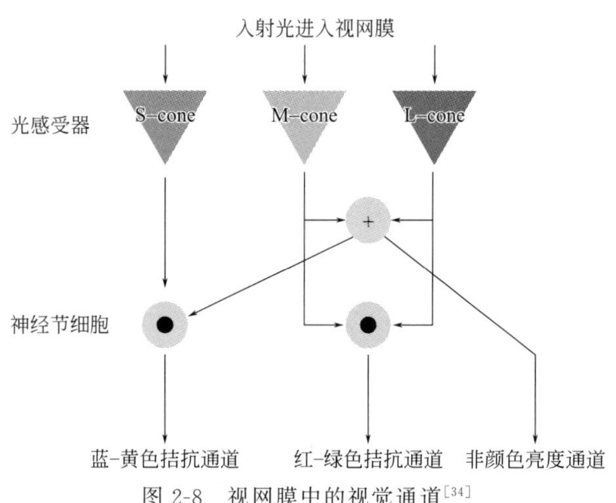

图 2-8　视网膜中的视觉通道[34]

到的，通常先确定对单色光的敏感度，然后再绘制出与波长的函数关系。光谱光视效率函数不是一个单纯的物理参量或心理参量，它是一个由视觉系统接收光辐射能量并经大脑信息处理后得到的一个心理物理量，观察者的主观因素（心情、反应速度等）、客观条件（年龄、健康状况）以及实验条件的客观因素（视场角、亮度水平）等都会影响光谱光视效率函数的具体分布情况[7,8,16,17]。

1924 年，CIE 采纳了第一条明视觉光谱光视效率函数 $V(\lambda)$，直到今天依然被用来定义亮度。该函数最初由 Gibson 和 Tyndall 于 1923 年在综合多个实验室的测试数据的基础上经平滑后得到[19]，因此后来很多科学家也对该函数数据的准确性提出了质疑，并进行了进一步的研究[20]（如图 2-9 所示）。Judd 于 1951 年提出了一条新的光谱光视效率曲线[24]，该曲线相对于 CIE 1924 $V(\lambda)$ 的区别主要在低于 460nm 的短波长段。但是 Judd 修正函数人为引入了一个“标准观察者”[25]，Vos 于 1978 年在 Judd 曲线的基础上做了进一步改进[26]，但是，由于涉及大量测量设备的更新、更换，这些修正光谱光视效率曲线在实际应用中并没有得到广泛的应用[20]。

在介绍人眼视网膜构造的时候已经讲到过，锥状细胞和杆状细胞在视网膜的集中分布区域不同，因此当观察者的视场角发生变化时光谱光视效率函数也相应发生改变。由于 CIE 1924 $V(\lambda)$ 是视场角为 2°的实验条件下测量得到的，CIE 在 1964 年根据 Stiles 和 Burch 的实验结果推荐了一个适用于 10°视场角条件下的光谱光视效率函数 $V_{10}(\lambda)$[25]。

1951 年，CIE 推荐了适用于暗视觉条件下的光谱光视效率曲线 $V'(\lambda)$，$V'(\lambda)$ 主要建立于 Crawford 于 1949 年和 Wald 于 1945 年所进行的实验的基

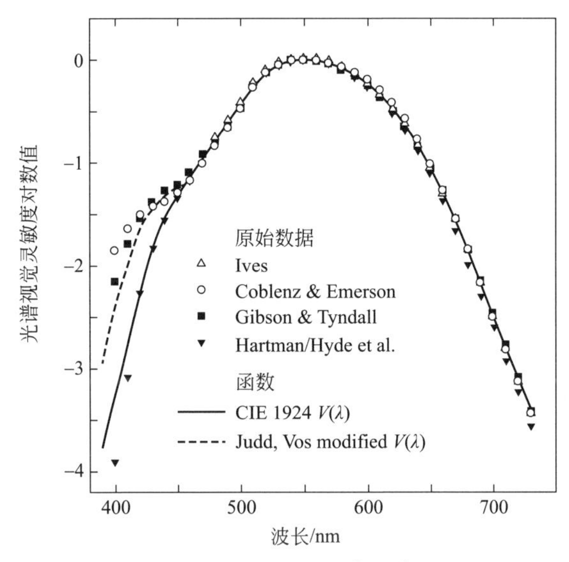

图 2-9 多位科研团队的光谱光视效率实验结果[21~23]与 CIE 1924 V(λ) 的对比[18]

础上，目前仍然被行业工作者认可[27, 28]。不过由于实际应用中很少有亮度范围低于 10^{-3} cd/m^{2}的情况，因此 $V'(\lambda)$ 在实际应用中并不广泛。

在中间视觉环境下，锥状细胞和杆状细胞共同作用，且二者的作用效果受亮度水平的变化而改变。同时三种锥状细胞之间以及杆状细胞和锥状细胞之间的交互作用会引起相加性问题[9]，因此确定中间视觉的光谱光视效率函数是一项十分复杂的工作。通常，中间视觉范围内人眼对光谱的响应需要用一系列光谱光视效率曲线来描述[29~31]。

2.3.4 光谱光视效率函数的测量

由于本书尝试建立基于脉冲光的光谱光视效率函数，故本节将对测量光谱光视效率函数的主要方法进行总结性介绍。

光谱光视效率函数是在特定物理条件下通过多种直接或间接的实验方法获得的一种心理物理参量，物理条件、观察者的客观条件以及实验方法等都会影响最终的实验结果[34~42]。科学家们经过多年的研究发现，即便在其他条件都相同的情况下，不同的实验方法会导致相同的观察者得出不同的实验结果，这和人眼的视觉通道存在颜色通道与非颜色通道有关[18,34]。测量光谱光视效率函数的方法有很多，例如异色视亮度匹配法（direct heterochromatic brightness matching)、分步比较法（step-by-step brightness matching)、闪烁法（flicker photometry)、绝对阈值法（absolute thresholds)、增量阈值法

(increment thresholds)、最小边界法(minimally distinct border)等[18]。

(1)异色亮度匹配法

异色亮度匹配法通过观察者匹配参照光与待测光的视亮度来获得光谱光视效率曲线。观察者的前方置有一圆形视场,其中一半圆为参照光,另一半圆为待测光。参照光的波长及辐射功率均固定,观察者通过调节某一波长待测光的辐射功率,使其与参照光具有相同的视亮度,此时二者辐射功率的比值即反映了人眼在待测波长处的敏感程度。依次选择可见光中不同波长的光和参照光进行匹配就可得到完整的光谱光视效率曲线[43]。

异色亮度匹配法原理简单,但实际实验中却存在很大困难,当参照光和待测光的颜色差异较大时,观察者很难去比较二者的视亮度。尤其是匹配红光和蓝光的视亮度,得到的结果变动很大,再现性差。

(2)分步比较法

分步比较法实质上是对异色亮度匹配法的改进。比较两种颜色差异较大的光的视亮度十分困难,但如果参照光和待测光的颜色相近,视亮度匹配就变得相对容易。因此,分步比较法的参照光的波长是不固定的。用分步比较法测量观察者的光谱光视效率函数时,首先选定参照光的波长为λ_1,并用与参照光波长相近的λ_2作为待测光进行视亮度匹配。求出λ_2灵敏度后再用λ_2作为参照光,用与λ_2波长接近的λ_3作为待测光,观察者进行λ_2和λ_3的视亮度匹配。依次按波长顺序进行上述步骤即可获得完整的光谱光视效率曲线。

(3)最小边界法

最小边界法也可看作是对异色亮度匹配法的改进。在进行亮度匹配实验时,待测光和参照光共同组成了一个圆形的视场,两个半圆形的视场中间会有一个比较明显的分界线。当观察者不断调整待测光的亮度时,视场分界线的清晰程度会发生变化,当分界线最不易区别时就为最小边界法的判定依据。

(4)闪烁法

闪烁法是利用闪烁亮度计将固定波长的参照光和某一波长的待测光以一定的频率快速交替地照射同一个视场,由观察者来调节待测光的辐射通量,直至观察者认为闪烁消失时,参照光和待测光的视亮度相等。依次获得不同波长的待测光达到与参照光相同视亮度时对应的辐射通量,就可得到可见光波段内完整的光谱光视效率曲线。

闪烁法的原理是:人眼对色彩的临界闪烁融合频率要比对亮度的临界闪

烁融合频率低得多，因此只要视场内的待测光与参照光的交替频率高于颜色的临界闪烁融合频率而低于亮度的临界闪烁融合时，人眼只能够感知亮度的闪烁而无法感知颜色的闪烁。从闪烁法的原理可以看出，该方法测得的光谱光视效率函数仅考虑了非颜色通道的作用[43]。闪烁法在测量光谱光视效率函数时数据离散度更小[38]，同时由于仅有非颜色亮度通道产生作用，使得该方法测得的光谱光视效率函数符合亮度相加性。但是该方法用于测量脉冲光时依然很难解决光谱偏移的问题。

（5）光谱光视效率函数测量方法的分类

除上述四种主要的测量方法以外，还有绝对阈值法、增量阈值法等[44~46]。虽然测量方法很多，但是所有的光谱光视效率函数都可以根据是否和 CIE $V(\lambda)$ 相似而分成两种类型，这意味着测量方法也可以据此分为两类。表 2-1 是相关科研团队的测量方法与实验结果的对比图，可以发现光谱光视效率函数与 $V(\lambda)$ 相似时，Abney 定律也成立，即亮度具有相加性；反之，当光谱光视效率函数与 $V(\lambda)$ 有明显差异时，Abney 定律失效，即亮度不具有相加性。

表 2-1　部分光谱光视效率函数测量方法的对比[44]

<table>
<tr><th>测量方法</th><th colspan="2">光谱灵敏度类型及相加性</th><th>参考文献</th></tr>
<tr><td rowspan="2">异色闪烁法</td><td>光谱灵敏度类型</td><td>V(λ)-like①</td><td>[46,21]</td></tr>
<tr><td>相加性</td><td>明视觉低亮度:是
明视觉高亮度:否</td><td>[47～49]
[50]</td></tr>
<tr><td rowspan="2">栅格视觉敏锐度法</td><td>光谱灵敏度类型</td><td>V(λ)-like</td><td>[51～53]</td></tr>
<tr><td>相加性</td><td>是</td><td>[54]</td></tr>
<tr><td rowspan="2">移动最小化法</td><td>光谱灵敏度类型</td><td>V(λ)-like</td><td>[55]</td></tr>
<tr><td>相加性</td><td>是</td><td>[56]</td></tr>
<tr><td rowspan="4">异色视亮度匹配法</td><td>光谱灵敏度类型</td><td>V(λ)-like</td><td>[57,58]</td></tr>
<tr><td>相加性</td><td>是</td><td>[58]</td></tr>
<tr><td>光谱灵敏度类型</td><td>宽于 V(λ)</td><td>[40，59～61]</td></tr>
<tr><td>相加性</td><td>否</td><td>[62～64]</td></tr>
<tr><td>分步比较法</td><td>光谱灵敏度类型</td><td>V(λ)-like</td><td>[19]</td></tr>
<tr><td rowspan="4">棋盘格法</td><td>光谱灵敏度类型</td><td>V(λ)-like(3′并列)</td><td>[65]</td></tr>
<tr><td>相加性</td><td>是</td><td>[65]</td></tr>
<tr><td>光谱灵敏度类型</td><td>(3′分隔)</td><td>[65]</td></tr>
<tr><td>相加性</td><td>否</td><td>[65]</td></tr>
<tr><td rowspan="2">最小边界法</td><td>光谱灵敏度类型</td><td>V(λ)-like</td><td>[45]</td></tr>
<tr><td>相加性</td><td>是</td><td>[66,67]</td></tr>
</table>

续表

测量方法	光谱灵敏度类型及相加性		参考文献
绝对阈值法	光谱灵敏度类型	$V(\lambda)$-like	[68～69]
	相加性	是	[42]
	光谱灵敏度类型	570nm 处 V 形槽	[70]
	相加性	否	[71,72]
增量阈值法	光谱灵敏度类型	$V(\lambda)$-like	[73]
	相加性	略微失效	[74,75]
	光谱灵敏度类型	三个宽的峰值	[73,76]
	相加性	否	[77]
闪烁融合法	光谱灵敏度类型	$V(\lambda)$-like, 明视觉低亮度等级	[78,79]
朗道尔环视觉锐度法	光谱灵敏度类型	$V(\lambda)$-like	[80]
	相加性	是	[81]
栅格增量探测法	光谱灵敏度类型	$V(\lambda)$-like,低亮度	[82]
	相加性	是	[82]
	光谱灵敏度类型	宽于 $V(\lambda)$,高亮度	[82]
	相加性	和空间频率有关	[82]
标准反应时间法	光谱灵敏度类型	$V(\lambda)$-like	[83,84]

① $V(\lambda)$-like 指该测量方法得到的光谱灵敏度曲线和 $V(\lambda)$ 的宽度接近且形状相似。

由于本书最终的研究目标是建立适用于脉冲光的光谱光视效率函数，所以具体的测量方法应满足亮度相加性。本书设计的实验系统通过使用滤色片来解决脉冲光的光谱偏移问题，被试者在进行实验时直接通过圆形视场来比较相同波长的直流光和脉冲光的视亮度。本书采用的测量方法和分步法（step by step）及最小边界法（minimally distinct border）最为接近，且相比分步法又有所改进：因为参照光和待测光的颜色相同，因此消除了由于颜色不同导致的亮度匹配误差，具体的实验装置及实验过程详见后续章节。

2.3.5 锥状细胞灵敏度曲线

人眼视网膜内的三种锥状细胞对不同光谱的响应存在较大差异，每种锥状细胞的光谱响应特性可以由相应的灵敏度曲线进行描述。人眼的光谱光视效率函数是三种锥状细胞共同作用的结果，因此只要锥状细胞的光谱灵敏度曲线符合相加性就可以将 $V(\lambda)$ 看作为三种锥状细胞灵敏度曲线的线性叠加[18,44]。

如何准确地测量重叠部分的光谱响应特性是获取三种锥状细胞光谱灵敏度曲线的关键[85]。Stockman A 等选择先天缺失 M-cone 的绿色盲患者、先天缺失 L-cone 的红色盲患者以及只有蓝色锥状细胞的患者（先天缺失 L-cone 和 M-cone）作为观察者，再结合颜色匹配的方法测量得到了人眼的三种锥状细胞的灵敏度曲线[85~87]（图 2-4）。随后，他们利用该锥状细胞灵敏度曲线的线性组合提出了一个适用于他们自身实验结果的光谱光视效率函数[18]（图 2-9）。同时，他们的锥状细胞灵敏度曲线也能很好地拟合其他科研工作者测量得到的光谱光视效率函数。

用锥状细胞灵敏度曲线的线性叠加来表示光谱光视效率函数有很多好处。首先，人眼的视觉响应本身就是三种锥状细胞响应的组合，锥状细胞灵敏度曲线相对光谱光视灵敏度曲线更加基础；其次，光谱光视效率函数在不同的应用条件会发生变化，以基础的锥状细胞灵敏度曲线的线性组合可以快速地切换适用于不同应用条件的光谱光视效率函数。通过这种方式切换光谱光视效率函数是非常方便的，如式(2-2) 所示，针对不同的应用场景只需切换对应的 k_s、k_m、k_l即可。

$$V_i(\lambda)=k_s s(\lambda)+k_l l(\lambda)+k_m m(\lambda) \tag{2-2}$$

式中　$s(\lambda)$，$m(\lambda)$，$l(\lambda)$ ——S-cone，M-cone 和 L-cone 的光谱灵敏度曲线；

k_s，k_m，k_l——锥状细胞的权重倍数；

$V_i(\lambda)$ ——光谱光视效率函数。

鉴于上述优点，本书在测量得到脉冲光在不同波长条件下的视亮度增益系数后也将利用锥状细胞灵敏度曲线来建立适用于脉冲光的光谱光视效率函数。

2.4　光谱生理效率函数

对于照明效果来说，可以依照上文的视觉效应和非视觉效应分为两类，一类是视觉效应指标，即从传统照明的角度来对照度、均匀性等进行评估；另一类是非视觉效应指标，即评估照明对于各类不同非视觉效应的影响程度。

2.4.1　光生理效应的评价指标

对于光的视觉效应，其评价体系有一套相对较为成熟的理论，一般有照度、亮度、均匀性、色温、显色性等不同指标，实现对照明视觉效果比较完整的评价，在此不予详述。而对于光的各类非视觉效果的评价来说，依照具体的细分领域，有着多种多样的指标。例如，在植物补光上，比较常用的指标有光量子通量密度、红蓝比等。本书第5章将着重于研究照明对于人的生理效应，因此本节对和人的生理效应相关的一些评价指标予以介绍。

目前照明领域在研究光对人的生理节律，舒适性等生理效应上评价指标并不统一，应用比较广泛的指标可以归为三种。

第一种常见的评价指标是褪黑素含量。通过测试光对于人体内褪黑素分泌数量的改变来评价光的生理效应。例如2000年哈佛医学院的Jamie M. Zeitzer等通过测试人体褪黑素的分泌周期曲线的变化来研究夜间光对于人生理节律的影响[89]。2001年，Kenneth P. Wright等通过测试褪黑素分泌的周期变化来研究人体生物钟变化范围[90]。2003年SW Lockley等通过测试褪黑素的分泌节律来研究不同波段单色光对人体生理节律的影响[91]。

第二种常见的评价指标是瞳孔尺寸。瞳孔尺寸会受到视网膜感光细胞的影响，光强等的改变都会对瞳孔尺寸产生影响[12, 92, 93]。因此，很多研究者也利用测试瞳孔尺寸来研究光的生理效应。早在1933年，M Luckiesh等就利用瞳孔尺寸作为衡量视觉疲劳的指标[94]。2011年，O Palinko和A L Kun利用瞳孔直径作为指标，研究光对于人认知的影响[95]。2011年，复旦大学徐蔚基于瞳孔收缩，进行了人眼光生理系统的研究[96]。

第三种常见的评价指标是生理参数。正如上文所述，光会影响人的很多生理参数，除了改变褪黑素的分泌外，对于血压、心率等生理参数也会有所影响。因此，也有很多照明研究者利用人体的血压、心率这些生理参数的变化情况来测试光的生理效应。1988年，H W Lahmeyer通过测试口腔温度和心率来研究强光照对于人情绪的影响[97]。2002年，Tsutsumi将心率和血压作为指标研究不同色温荧光灯对于人的影响[98]。2005年，Christian等利用心率作为指标来研究短波长光对人的影响[99]。2011年复旦大学的居家奇博士利用心率、血压等参数，研究了生理参数与光谱响应的关联性[100]。

对于这三种不同的评价指标进行比较来看，通过对褪黑素含量的测试是一种具有明显因果关系的实验评价指标。因为ipRGCs细胞对于褪黑素分泌的影响已经得到了很多实验研究的验证。但是这一评价指标也存在一些缺陷。光对于褪黑素分泌的影响并不是即时生效的，存在一定的延迟性。此外，测量褪黑素分泌需要对被试者进行抽血化验进行检测，测试手段较为复杂，被试者也会感受一定的痛苦，在实验中存在一定的医学伦理风险。而通过瞳孔尺寸来进行评价时，测试手段比较简单，被试者几乎不会感受任何痛感，而且测试有很强的即时性。但这种方法的缺陷在于，由于光强等传统视觉效应也会对瞳孔尺寸产生影响，因此测试结果有时会掺杂视觉效应的因素干扰。此外，瞳孔尺寸的变化与人的舒适性等生理效应的关系并不像褪黑素对人生理效应的影响那样因果关系足够直接。因此，出于兼顾实验可行性和精确直接性的考量，本书的生理效应研究采用对于被试者测量血压、心率等生理指标的方式来进行评价。

2.4.2　光生理效应函数的定义

如前所述，人眼视觉系统中存在着不同的感光细胞，因此导致了人眼视觉系统对于不同波长的光谱的灵敏程度不同，会导致不同波长的光刺激对于视觉感知亮度以及生理效应产生不同影响。为了更好地定量研究不同的光谱对各类效应的影响强度，照明科学家们根据实验数据提出了几种光谱效率函数。

而随着 ipRGCs 的发现，越来越多的照明研究者对光生理效应展开了研究。许多研究发现，光的生理效应也存在光谱差异性。一些研究人员试图参照传统照明学的方法，仿照光视觉效率函数的方式，针对光生理效应提出了不同的光生理效应函数。

Brainard 根据研究不同波长的光谱对褪黑素分泌抑制的影响程度的强弱，提出了基于褪黑素的光谱光生理效应函数 $B(\lambda)$[101]。他们在晚上 2 点至 3 点半之间对于被试者进行持续照明，在照射开始时和照射结束时分别抽取被试者血液，测量其中的褪黑素含量。Brainard 选取了 400～600nm 之间 9 组单色光进行照射研究，并利用褪黑素含量变化率作为衡量指标来评价不同光谱对褪黑素分泌的影响程度，计算方式如公式(2-3) 所示。

$$\text{褪黑素含量变化率}=\frac{|\text{照射结束时褪黑素含量}-\text{照射开始时褪黑素含量}|}{\text{照射开始时褪黑素含量}} \tag{2-3}$$

Brainard 分别计算了 9 种不同光谱单色光照射下褪黑素含量变化率情况，得出了不同光谱对于褪黑素分泌影响的相对效率的数值关系，并进行了归一化处理，拟合出全波段的光谱效率曲线，如图 2-10 所示。Brainard 模型的峰值响应波长为 464nm。这个模型可以反映不同光谱对于褪黑素分泌影响程度的强弱。

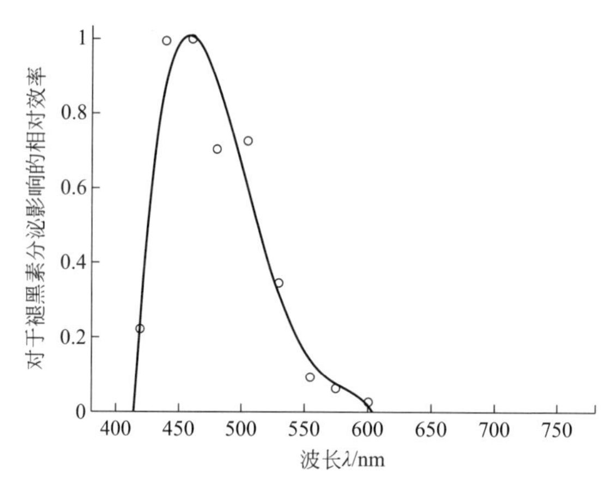

图 2-10　Brainard 数据拟合出的光谱光生理效应曲线[101]

洛仑兹伯克利实验室的 Berman 通过研究不同强度与不同光谱情况下，人眼的瞳孔尺寸的收缩情况，利用与 Brainard 类似的数据处理方式，提出了基于瞳孔尺寸变化的光生理效应模型[102]。McDougal 等通过类似的实验得出了 Berman 模型的光谱响应峰值位于 490nm 左右，光谱效应曲线如图 2-11 所示[92]。

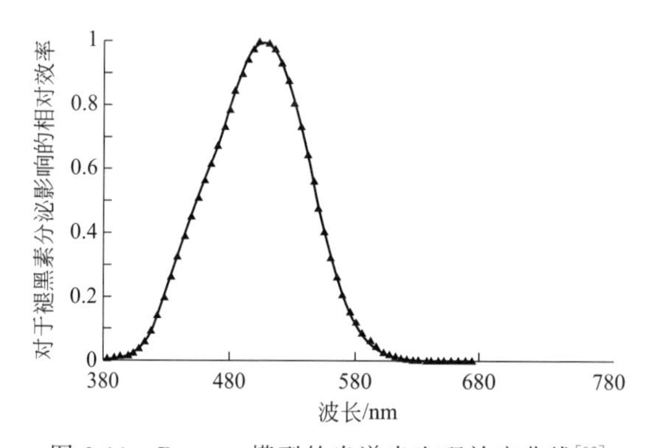

图 2-11　Berman 模型的光谱光生理效应曲线[92]

由于对与照明光生理效应的评价指标缺乏统一规范，不同评价指标的定量研究的结果也不一致。对比图 2-10 与 2-11 也可以发现两者的模型存在明显差异。而且不同于亮度等视觉指标只受到光强、光谱分布的影响，光生理效应还与接收的光刺激持续时长密切相关，从这个角度来看，光生理效应函数仅能衡量直流光照射下不同光谱对生理效应的影响，具有一定的局限性。

再加上光生理效应的研究与生理学、神经学等诸多学科的理论相互关联，对于人的视觉神经等许多理论研究至今尚不明确，因此目前对于光生理效应的研究没有准确的模型与公式，目前针对光的生理效应的研究都是采用选取适当的测量指标，与太阳光或者直流光同等照射情况下以对照试验的方式进行的。本书生理效应部分的研究也会根据研究结果对 Brainard 等提出的这种光生理效率函数的评价方法进行分析。

2.5　视觉照明感光信息的处理模型

人的视觉系统的信息处理机制是将输入的光刺激信号通过眼球的光学系统呈现在眼底，再通过视网膜上把信号加工处理成神经冲动信号，最后经过视神经传递给视觉中枢，形成视觉。在生理学，仿生学等许多领域都对视觉系统展开了一系列研究，并根据各自研究领域的关注点提出了不同的视觉系统模型。在照明领域，为了方便地解释视觉感知亮度等一些照明视觉现象，照明研究人员基于对感光细胞的实验研究，对于视觉系统的照明感光信息传递过程提出了一些简化研究模型，目前主要的模型都是利用多个滤波器进行模拟的。

图 2-12 是比利时科学家 Decuypere 提出的模型结构，这一模型能够比较好地反映照明领域的许多视觉现象[103]。

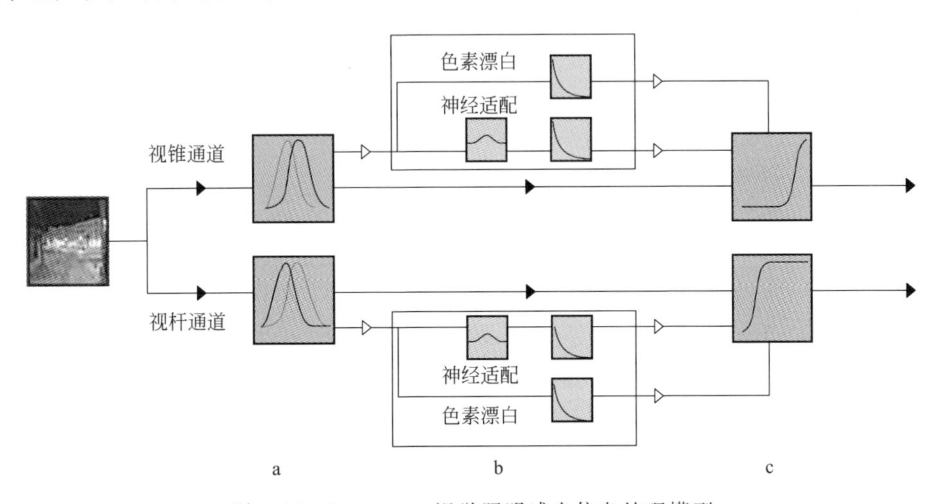

图 2-12　Decuypere 视觉照明感光信息处理模型

信号进入视觉系统后，分成锥状细胞通路与杆状细胞通路分别进行处理，两条通道的处理机制是一致的。都是首先根据光谱对光信号进行处理（图 2-12 中 a 部分），然后进入一系列滤波器（图 2-12 中的 b 部分），对光信号进行滤波处理，最后还是进入一个滤波器（图 2-12 中的 c 部分），最终生成视觉感光信号传递给大脑。

Decuypere 模型中杆状细胞通路和锥状细胞通路的处理过程机制上其实是一致的，只是对光谱的响应程度不同（图 2-12 中 a 部分），可以进行简化合并。加州大学的 Stockman 教授提出了简化的照明视觉感光模型，可以对视觉系统处理各类波形的光视觉感知亮度情况进行描述，如图 2-13 所示[104]。输入信号经过一个线性时间滤波器（图 2-13 中 a 部分）后产生中间信号（图 2-13中 b 部分），再经过另一个线性时间滤波器（图 2-13 中 c 部分），得到最终的感光信号，这些滤波器的灵敏度曲线接近对数函数形式。美国罗格斯大学医学院的 Campbell 教授等也提出了类似的模型，认为视觉感光过程可以由一系列滤波器进行模拟[105]。

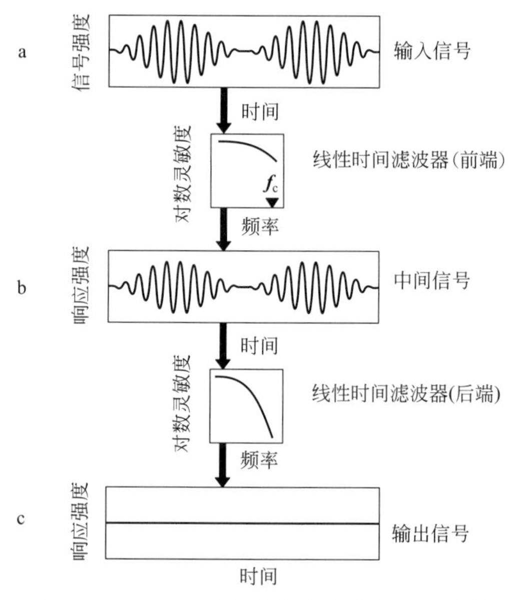

图 2-13　Stockman 的简化视觉感光信息处理模型

这些模型可以对许多照明研究发现的现象进行解释，例如第 1.3 节中提到的 Talbot 和 Plateau 所发现的人眼观察连续闪烁的光线时，人眼的感知亮度恰好等于一个闪烁周期内的平均亮度的现象。根据 Stockman 的模型，光信息传递经过两个线性滤波器（图 2-13 中的 a 与 c）的处理，输入相同强度的信号得到的输出信号强度也是相同的。如图 2-13 中显示的信号变换机制，当视觉感光系统受到连续闪烁光刺激时，经过两个滤波器后会变成一个等能量的直流信号，导致人眼对这个连续闪烁信号感知到的视觉亮度与平均强度相同的直流光情况下一样，这吻合了 Talbot 等的实验测试结果。

2.6 本章小结

首先，本章介绍了人眼视觉系统的主要特征。通过对人眼结构、视网膜感光细胞以及颜色通道的介绍，了解了人眼视觉产生的一些机理。近年来，相关研究表明 ipRGCs 不仅和人体的司辰节律有关，还会对亮度刺激产生响应。此外，ipRGCs 对频率的响应较慢，这会导致人眼视觉的非线性过程。通过对明视觉、暗视觉及中间视觉的概念及三种视觉状态对应的亮度范围的阐述，表明明视觉是最为常见的一种视觉状态。

其次，本章介绍了 CIE 光度学系统的基础、现实存在的多种光谱光视效率函数以及两种相加性问题。目的之一是验证脉冲光的视觉亮度增强效应，在此基础上探究脉冲光是否也存在相加性问题。

本书的主要目的就是获得脉冲光的光谱光视效率函数来指导脉冲光的照明测量与应用，为此专门介绍了几种主要的测量光谱光视效率函数的实验方法。不同的测量方法会得到不同形状的光谱响应曲线，文章对主要的测量方法进行对比，总体上可将所有的测量方法分为相似于 CIE $V(\lambda)$ 曲线以及相异于 CIE $V(\lambda)$ 曲线两类，和 CIE $V(\lambda)$ 曲线相似的测量方法不存在相加性问题。

同时，介绍了锥状细胞的灵敏度曲线的研究进展。因为光谱光视效率函数是三种锥状细胞共同作用的结果，因此可以用三种锥状细胞的灵敏度曲线的线性组合来描述人眼的光谱灵敏度。Stockman 等测量的灵敏度函数曲线已推荐至 CIE，他们利用锥状细胞灵敏度曲线的线性组合很好地拟合了多种光谱光视效率函数。鉴于用锥状细胞的基础响应数据拟合人眼光谱光视效率函数拥有很多优点，本书在后续介绍中也将利用锥状细胞灵敏度曲线来建立适用于脉冲光的光谱光视效率函数。

最后，本章介绍了 Decuypere 与 Stockman 等照明科学家提出的照明视觉感光信息处理模型，这些模型可以模拟视觉系统的感光情况，对许多照明视觉现象进行解释。下面章节根据脉冲光的视觉感知亮度与生理效应的研究情况将探讨这类模型是否依然适用于脉冲光信号的处理。

参考文献

[1] 林燕丹．中间视觉状态下人眼视觉功能的光谱响应特性研究［D］．上海：复旦大学，2004.

[2] 寿天德．视觉信息处理的脑机制［M］．上海：上海科技教育出版社，1997.

[3] Kolb H. How the Retina Works［J］. American Scientist，2003，91（1）：488-494.

[4] 寿天德．神经生物学［M］．北京：高等教育出版社，2001.

[5] 龙奇，林燕丹，陈文成，等．视神经细胞的功能及对视觉的影响［J］．灯与照明，2002，26（6）：7-8.

[6] Sharpe L T，Stockman A，Jagla W，Jagle H. A luminous efficiency function，V^*（lambda），for daylight adaptation：a correction［J］. Color Research & Application，2011，36（1）：948-968.

[7] Berson D M，Dunn FA，Takao M. Phototransduction by Retinal Ganglion Cells that Set the Circadian Clock［J］. Science，2002，295：1070-1075.

[8] Berman S M. A new retinal photoreceptor should affect light practice［J］. Lighting Research and Technology，2008，40：373-376.

[9] 陈文成．中间视觉 S 光度学模型的建立及应用［D］．上海：复旦大学，2008.

[10] Brainard G C，Hanifin J P，Greeson J M，Byrne B，Glickman G，Gerner E，Rollag M D. Action Spectrum for Melatonin Regulation in Humans：Evidence for a Novel Circadian Photoreceptor［J］J Neurosci，2001，21：6405-6412.

[11] Gamlin P D，McDougal D H，Pokomy J，Smith V C，Yau K W，Dacey D M. Human and macaque pupil responses driven by melanopsin-containing retinal ganglion cells［J］. Vision Research，2007，47（7）：946-954.

[12] Berman S M. A new retinal photoreceptor should affect light practice［J］. Lighting Research and Technology，2008，40：373-376.

[13] 胡威捷，汤顺青，朱正芳．现代颜色技术原理及应用［M］．北京：北京理工大学出版社，2007.

[14] 俞丽华．电气照明［M］．上海：同济大学出版社，2001.

[15] 周太明，周祥，蔡伟新．光源原理与设计［M］．上海：复旦大学出版社，2009：8-10.

[16] Alman D H. Errors of the standard photometric system when measuring the brightness of general illumination light sources［J］. Journal of the Illuminating Engineering Society of North America，1977，7（1）：55-62.

[17] Anstis S. The Purkinje Rod-cone Shift as a Function of Luminance and Retinal Eccentric-

ity [J] . Vision Research, 2002, 42 (22): 2485-2491.

[18] Sharpe L T, Stockman A, Jagla W, Jagle H. A luminous efficiency function, V^* (lambda) for day light adaptation [J] . Journal of Vision, 2005, 5 (11): 948-968.

[19] Gibson K S, Tyndall E P T. Visibility of radiant energy [J] . Journal of the Optical Society of America and Review of Scientific Instruments, 1923, 9 (4): 403.

[20] Wyszecki G, Stiles W S. Color science: Concepts and methods, quantitative data and formulae [M] . New York: Wiley, 1982.

[21] Ives H E. Studies in the photometry of lights of different colours. I. Spectral luminosity curves obtained by the equality of brightness photometer and flicker photometer under similar conditions [J] . Philosophical Magazine Series 6, 1912, 24: 149-188.

[22] Coblentz W W, Emerson W B. Relative sensibility of the average eye to light of different color and some practical applications [J] . US Bureau of Standards Bulletin, 1918, 14: 167.

[23] Hyde E P, Forsythe W E, Cady F E. The visibility of radiation [J] . Astrophysics Journal, 1918, 48: 65-83.

[24] Judd D B. Report of U. S. secretariat committee on colorimetry and artificial daylight [A] . In: Proceedings of the twelfth session of the CIE, Stockholm [C] . Paris: Bureau Central de la CIE. 1951: 11.

[25] Stiles W S, Burch J M. Interim Report to the Commission Internationale de l'Eclairage, Zurich, 1955, on the National Physical Laboratory's Investigation of Colour-matching (1955) [J] . Optica Acta: International Journal of Optics, 1955, 2 (4): 168-181.

[26] Vos J J. Colorimetric and photometric properties of a 2-deg fundamental observer [J] . Color Research and Application, 1978, 3 (3): 125-128.

[27] CIE 2001. Photometry-The CIE system of Physical Photometry [S] . Vienna, CIE: 2001.

[28] CIE 1978. Light as a true visual quantity: Principles of measurement [S] . Vienna, CIE: 1978.

[29] Eloholma M, Viikari M, Halonen L, Walkey H, Goodman T, Alferdinck J, Freiding A, Bodrogi P, Várady G. Mesopic models—from brightness matching to visual performance in night-time driving: a review [J] . Lighting Research & Technology, 2005, 37 (2): 155-173.

[30] Eloholma M, Halonen L. New model for mesopic photometry and its application to road lighting [J] . Leukos, 2006, 2 (4): 263-293.

[31] Goodman T, Forbes A, Walkey H, Eloholma M, Halonen L, Alferdinck J, Freiding A, Bodrogi P, Varady G, Szalmas A. Mesopic visual efficiency IV: a model with relevance to nighttime driving and other applications [J] . Lighting Research & Technology, 2007, 39 (4): 365-388.

[32] Abney W, Festing, E R. Colour photometry [J]. Philosophical Transactions of the Royal Society, London, 1886, 177: 423-456.

[33] CIE 1989. Mesopic Photometry: History, special problems and practical solutions [S]. Vienna, CIE: 1989.

[34] Kaiser P K. Luminance and Brightness [J]. Applied Optics, 1971, 10 (12): 2768-2770.

[35] Wu C Q. A Multi-Stage Neural Network Model for Human Color Vision [A]. In: Yu W, He H, and Zhang N. ADVANCES IN NEURAL NETWORKS—ISNN 2009, PT 3, PROCEEDINGS [C]. Wuhan, 2009: 502-511.

[36] Ikeda M, Yaguchi H, Sagawa K. Brightness Luminous-Efficiency Functions for 2-Degree and 10-Degree Fields [J]. Journal of the Optical Society of America, 1982, 72 (12): 1660-1665.

[37] Tamura T, Ikeda M, Uchikawa K. The Effect of Stimulus-Duration on the Luminous Efficiency Functions for Brightness [J]. Color Research and Application, 1988, 13 (6): 363-368.

[38] Yaguchi H, Kawada A, Shioiri S, Miyake Y. Individual-Differences of the Contribution of Chromatic Channels to Brightness [J]. Journal of the Optical Society of America a-Optics Image Science and Vision, 1993, 10 (6): 1373-1379.

[39] Ikeda M, Shimozono H. Luminous Efficiency Functions Determined by Successive Brightness Matching [J]. Journal of the Optical Society of America, 1978, 68 (12): 1767-1771.

[40] Comerford J P, Kaiser P K. Luminous-Efficiency Functions Determined by Heterochromatic Brightness Matching [J]. Journal of the Optical Society of America, 1975, 65 (4): 466-468.

[41] Sagawa K, Takahashi Y. Spectral luminous efficiency as a function of age [J]. Journal of the Optical Society of America a-Optics Image Science and Vision, 2001, 18 (11): 2659-2667.

[42] Ikeda M, Nakano Y. Spectral Luminous-Efficiency Functions Obtained by Direct Heterochromatic Brightness Matching for Point Sources and for 2-Degrees and 10-Degrees Fields [J]. Journal of the Optical Society of America a-Optics Image Science and Vision, 1986, 3 (12): 2105-2108.

[43] Vienot F, Chiron A. Brightness Matching and Flicker Photometric Data Obtained over the Full Mesopic Range [J]. Vision Research, 1992, 32 (3): 533-540.

[44] Lennie P, Pokorny J, Smith V C. Luminance [J]. Journal of the Optical Society of America A, 1993, 10 (6): 1283-1293.

[45] Wagner G, Boynton R M. Comparison of four methods of heterochromatic photometry [J]. Journal of the Optical Society of America, 1972, 62 (12): 1508-1515.

[46] Stockman A, Sharpe L T. The spectral sensitivities of the middle-and long-wavelength-sensitive cones derived from measurements in observers of known genotype [J] . Vision Research, 2000, 40 (13): 1711-1737.

[47] Ikeda M. Linearity law reexamined for flicker photometry by the summation-index method [J] . Journal of the Optical Society of America, 1983, 73 (8): 1055-1061.

[48] Richards W and Luria S M. Color-mixture functions at low luminance levels [J] . Vision Research, 1964, 4 (5): 281-313.

[49] Eisner A , MacLeod D I A. Flicker photometric study of chromatic adaptation: selective suppression of cone inputs by colored backgrounds [J] . Journal of the Optical Society of America, 1981, 71 (6): 705-718.

[50] Vries H. The luminosity curve of the eye as determined by measurements with the flicker photometer [J] . Physica, 1948, 14 (5): 319-348.

[51] Brown J L, Phares L, Fletcher D E. Spectral energy thresholds for the resolution of acuity targets [J] . Journal of the Optical Society of America, 1960, 50 (10): 950-960.

[52] Pokorny J, Graham C H, Lanson R N. Effect of wavelength on foveal grating acuity [J] . Journal of the Optical Society of America, 1968, 58 (10): 1410-1414.

[53] Ingling C R, Grigsby S S, Long R C. Comparison of spectral sensitivity using heterochromatic flicker photometry and an acuity criterion [J] . Color Research and Application, 1992, 17 (3): 187-196.

[54] Myers C R, Ingling J, Drum B A. Brightness additivity for a grating target [J] . Vision Research, 1973, 13 (6): 1165-1173.

[55] Cavanagh P, MacLeod D I A, Anstis S M. Equiluminance: spatial and temporal factors and the contribution of blue-sensitive cones [J] . Journal of the Optical Society of America A 4, 1428-1438 (1987) .

[56] Kaiser P K, Vimal R L P, Cowan W B, Hibano H. Nulling of apparent motion as a method for assessing sensation luminance: an additivity test [J] . Color Reseach Application, 1989, 14 (4): 187-191.

[57] Bedford R E, Wyszecki G W. Luminosity functions for various field sizes and levels of retinal illuminance [J] . Journal of the Optical Society of America, 1958, 48 (6): 406-411.

[58] Ikeda M, Yaguchi H, Yoshimatsu K, Ohmi M. Luminous efficiency functions for point sources [J] . Journal of the Optical Society of America, 1982, 72 (1): 68-73.

[59] Sperling H G, Lewis W G. Some comparisons between foveal spectral sensitivity data obtained at high brightness and absolute threshold [J] . Journal of the Optical Society of America, 1959, 49 (10): 983-989.

[60] Kinney J A S. Effect of field size and position on mesopic spectral sensitivity [J]. Journal of the Optical Society of America, 1964, 54 (5): 671-677.

[61] Guth S L, Lodge H R. Heterochromatic additivity, foveal spectral sensitivity and a new color model [J]. Journal of the Optical Society of America, 1973, 63 (4): 450-462.

[62] Burns S A, Smith V C, Pokorny J, Elsner A E. Brightness of equal luminance lights [J]. Journal of the Optical Society of America, 1982, 72 (9): 1225-1231.

[63] Guth S L, Donley N J, Marrocco R T. On luminance additivity and related topics [J]. Vision Research, 1969, 9 (5): 537-575.

[64] Kaiser P K, Wyszecki G. Additivity failures in heterochromatic brightness matching [J]. Color Research & Application. 2007, 3 (4): 177-182.

[65] Yaguchi H. Heterochromatic brightness matching with checkerboard patterns [J]. Journal of the Optical Society of America A, 1987, 4 (3): 540-544.

[66] Ingling C R, Tsou B H, Gast T J, Burns S A, Emerick J O, Riesenberg L. The achromatic channel. I. The non-linearity of minimum border and flicker matches [J]. Vision Research, 1978, 18 (4): 379-390.

[67] Lindsey D T, Teller D Y. Influence of variations in edge blur on minimally distinct border judgments: a theoretical and empirical investigation [J]. Journal of the Optical Society of America A, 1989, 6 (3): 446-458.

[68] Sperling H G, Hsia Y. Some comparisons among spectral sensitivity data obtained in different retinal locations and with two sizes of foveal stimulus [J]. Journal of the Optical Society of America, 1957, 47 (8): 707-713.

[69] Wald G. Blue-blindness in the human fovea [J]. Journal of the Optical Society of America, 1967, 57 (11): 1289-1301.

[70] Hsia Y, Graham C H. Spectral sensitivity of the cones in the dark adapted human eye [J]. Proceedings of the National Academy of Sciences of the United States of America, 1952, 38 (1): 80-85.

[71] Ikeda M. Study of interrelations between mechanisms at threshold [J]. Journal of the Optical Society of America, 1963, 53 (11): 1305-1313.

[72] Guth S L. Luminance addition: general considerations and some results at foveal threshold [J]. Journal of the Optical Society of America, 1965, 55 (6): 718-722 (1965).

[73] King-Smith P E, Carden D. Luminance and opponentcolor contributions to visual detection and adaptation and to temporal spatial integration [J]. Journal of the Optical Society of America, 1976, 66 (7): 709-717.

[74] Finkelstein M A, Hood D C. Detection and discrimination of small, brief lights: variable tuning of opponent channels [J]. Vision Research, 1984, 24 (3) 175-181.

[75] Kaiser P K, Ayama M. Small brief foveal stimuli: an additivity experiment [J]. Journal of the Optical Society of America A, 1986, 3 (7): 930-934.

[76] Sperling H G, Harwerth R S. Red-green cone interaction in the increment-threshold spectral sensitivity of primates [J]. Science, 1971, 172 (3979): 180-184.

[77] Thornton J E, Pugh E N J. Red/green color opponency at detection threshold [J]. Science, 1983, 219 (4581): 191-193.

[78] Bornstein M N, Marks L E. Photopic luminosity measured by the method of critical frequency [J]. Vision Research, 1972, 12 (12): 2023-2034.

[79] Marks L M, Bornstein M H. Spectral sensitivity of the modulation sensitive mechanism of vision [J]. Vision Research, 1974, 14 (8): 665-669.

[80] Ives H E. On heterochromatic photometry [J]. Philosophical Magazine, 1912, 24 (6): 149-188.

[81] Guth S L, Graham B V. Heterochromatic additivity and the acuity response [J]. Vision Research, 1975, 15 (2): 317-319.

[82] Takahashi S, Ejima Y. Increment spectral sensitivities for spatial periodic grating patterns: evidence for variable tuning of the chromatic system [J]. Vision Research, 1986, 26 (7): 1851-1864.

[83] Pollack J D. Reaction time to different wavelengths at various luminances [J]. Attention Perception & Psychophysics, 1968, 3 (1): 17-24.

[84] Lit A, Young R, Shaffer M. Simple time reaction as a function of luminance for various wavelengths [J]. Attention Perception & Psychophysics, 1971, 10 (10): 397-399.

[85] Stockman A, Sharpe L T. Human cone spectral sensitivities: a progress report [J]. Vision Research, 1998, 38 (21): 3193-3206.

[86] Stockman A, MacLeod D I A, Johnson N E. Spectral Sensitivities of the Human Cones [J]. Journal of the Optical Society of America a-Optics Image Science and Vision, 1993, 10 (12): 2491-2521.

[87] Stockman A, Sharpe L T, Fach C. The spectral sensitivity of the human short-wavelength sensitive cones derived from thresholds and color matches [J]. Vision Research, 1999, 39 (17): 2901-2927.

[89] Zeitzer J M, et al. Sensitivity of the human circadian pacemaker to nocturnal light: melatonin phase resetting and suppression. Journal of Physiology, 2000, 526 (3): 695-702.

[90] Wright K P, et al. Intrinsic near-24-h pacemaker period determines limitsof circadian entrainment to a weak synchronizer in humans. Proceedings of the National Academy of Sciences of the United States of America, 2001, 98 (24): 14027-14032.

[91] Lockley S W, Brainard G C, Czeisler C A. High sensitivity of the human circadian me latonin rhythm to resetting by short wavelength light. J Clin Endocrinol Metab, 2003, 88 (9): 4502-4505.

[92] McDougal D H, Gamlin P D. The influence of intrinsically-photosensitive retinal ganglion cells on the spectral sensitivity and response dynamics of the human pupillary light reflex. Vision Research, 2010, 50 (1): 72-87.

[93] 杨公侠，杨旭东．人类的第三种光感受器（上）．光源与照明，2006，(2)：30-31.

[94] Luckiesh M, Moss F. Size of Pupil as a Possible Index of Ocular Fatigue. American Journal of Ophthalmology, 1933, 16 (5): 393-396.

[95] Palinko O, Kun A L. Exploring the Influence of Light and Cognitive Load on Pupil Diameter Driving Simulator Studies [C]. in Driving Assessment 2011: 6th International Driving Symposium on Human Factors in Driver Assessment, Training, and Vehicle Design. 2011.

[96] 徐蔚．基于瞳孔收缩的非视觉感光系统的研究 [D]．上海：复旦大学，2011.

[97] Lahmeyer H W. Heart rate and temperature changes during exposure to bright light in seasonal affective disorder [J]. Progress in neuro-psychopharmacology & biological psychiatry, 1988, 12 (5): 763-772.

[98] Tsutsumi Y, et al. Effects of color temperature of lighting in the living room and bedroom at night on autonomic nerve activity (Proceedings of 6th International Congress of Physiological Anthropology) [J]. Journal of Physiological Anthropology & Applied Human Science, 2002: 21.

[99] Christian C, et al. High sensitivity of human melatonin, alertness, thermoregulation, and heart rate to short wavelength light [J]. Journal of Clinical Endocrinology & Metabolism, 2005, 90 (3): 1311-1316.

[100] 居家奇．照明光生物效应的光谱响应数字化模型研究 [D]．上海：复旦大学，2011.

[101] Brainard G C, Hanifin J P, Greeson J M, Byrne B, Glickman G, Gerner E, Rollag M D. Action spectrum for melatonin regulation in humans: evidence for a novel circadian photoreceptor [J]. Journal of Neuroscience the Official Journal of the Society for Neuroscience, 2001, 21 (16): 6405-6412.

[102] Berman S M. A new retinal photoreceptor should affect lighting practice [J]. Lighting Research & Technology, 2008, 40 (4): 373-376.

[103] Decuypere J, Capron J L, Dutoit T, et al. Implementation of a Retina Model Extended to Mesopic Vision [J]. Commission Internationale De Léclairage, 2011.

[104] Stockman A, Plummer D J. Color from invisible flicker: A failure of the Talbot-Plateau law caused by an early 'hard' saturating nonlinearity used to partition the human short-

wave cone pathway [J]. Vision Research, 1998, 38 (23): 3703-3728.

[105] Moyle W R, Campbell R K, Rao S N, et al. Model of human chorionic gonadotropin and lutropin receptor interaction that explains signal transduction of the glycoprotein hormones [J]. Journal of Biological Chemistry, 1995, 270 (34): 20020-20031.

第3章

脉冲光视觉感知效应的实验研究

随着PWM调光技术得到越来越广泛的应用，脉冲光对人眼视觉感知的影响引发了相关科学家的关注。近年来，国内外多个研究团队对此课题表现出浓厚的研究兴趣，但目前的相关研究还处于起步阶段，由于实验系统或实验方法的原因，脉冲光是否存在视亮度增强效应还存在争议，并且占空比对于视亮度的影响仍缺乏系统的研究。结合前人研究经验以及PWM调光的实际应用情况，本书涉及的实验选择占空比和波长作为实验参数。

本章的实验研究工作主要分为三个部分：①初步探究红、绿光两种单色光是否存在视亮度增强效应，并且在此基础上探究两者的视亮度是否具有可相加性；②深入探究可见光范围内七个波长的单色脉冲光在低占空比条件下的视亮度增益现象，并基于实验结果得出不同波长的脉冲光视亮度增强效应与占空比之间的数学规律；③为对上述实验的补充，针对400～500nm波段区间的短波段单色脉冲光的视觉感知特性做实验研究，同样以波长与占空比两参数共同作为研究变量。

所有实验均在位于复旦大学邯郸校区自行搭建的实验室中完成。合理的视亮度评价实验是探究脉冲光是否存在视觉感知变化效应的基础，研究团队在总结前人研究经验的基础上，结合现有实验条件，设计了一套新的实验测试系统。通过采用滤色片巧妙地消除了脉冲光光谱偏移引入的误差，在实验中被试者可自行调节待测光的亮度水平，再通过LabVIEW中事先编写的一个图形化程序自行采集并储存实验数据。此外，研究团队运用了心理物理学相关理论来设计实验装置、实验参数和实验流程，深入系统地分析了视亮度增强效应随占空比、波长等参数在暗环境状态下的变化特点。因此，实验结果具有较高的可靠性。

3.1　实验平台与实验流程

本书的研究搭建了一套完整的脉冲光视觉感知研究实验平台，用于进行相关课题的量化研究。该实验平台可分为复合色/单色稳态光及脉冲光的发生装置，以及相应的光测量装置两部分。光发生装置包括波形发生器（WF1974，National Instrument）、精密数显直流稳流稳压电源（WY605，远方光电）、LED白光光源模组以及各规格的窄带滤色片等。光测量装置则包括光具座、照度计（ST-85，北师大光仪厂）、光电探头（PDA 100A-EC，

Thorlabs)、数据采集卡（PXI1031 机箱平台，搭载 PXI-5922 采集卡，National Instrument）附 LabVIEW 自编程序等。该实验平台的装置组成示意图如图 3-1(a)所示，其实拍图如图 3-1(b) 所示。

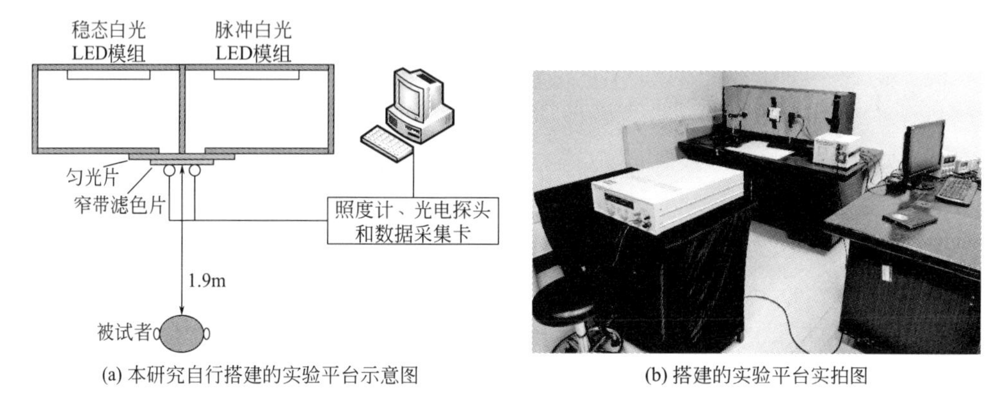

(a) 本研究自行搭建的实验平台示意图

(b) 搭建的实验平台实拍图

图 3-1　实验平台示意图及实拍图

以下在 3.1.1 与 3.1.2 部分，将分别阐述光发生装置与测量装置中部分重要硬件组成，以及需要关注的技术细节。

3.1.1　光发生装置

(1) LED 模组及其驱动电路

光发生装置包含稳态光与脉冲光光源。两者均定制为一体化模组，基于相同的白光 LED 芯片（T_c＝3500K)，稳定性高且散热性好。

基于具体实验需求，实验者将于基础白光 LED 模组内灵活串接入单色蓝光或单色红光 LED 芯片以进行补光，解决原有光源模组中部分光谱波段比例不足的问题。举例而言，若串接入 470nm 的单色蓝光 LED 芯片，则补光后，整体光谱在该波段附近被增强，一定程度改善原有模组经 475nm 窄带滤色片滤光后光强较弱的问题。由光纤光谱仪（E820，复享光学）测得额定电流点灯下其光谱如图 3-2 所示。

稳态光模组的驱动电路由数字电源（远方光电 WY605）（如图 3-3 所示)、驱动器以及 LED 光源本身组成。数字电源用于提供直流电，满度时其输出电压与输出电流的漂移不超过±0.01％。驱动器配合数字电源使得稳态光模组工作在直流模式下。而有别于稳态光模组，脉冲光模组中则额外内置驱动芯片；配合如图 3-4 所示的 NF 波形发生器 WF1974［频率分辨率为 0.01μHz，频率精确度为±（设定值的 3×10^{-6}＋2pHz)，占空比设定范围在

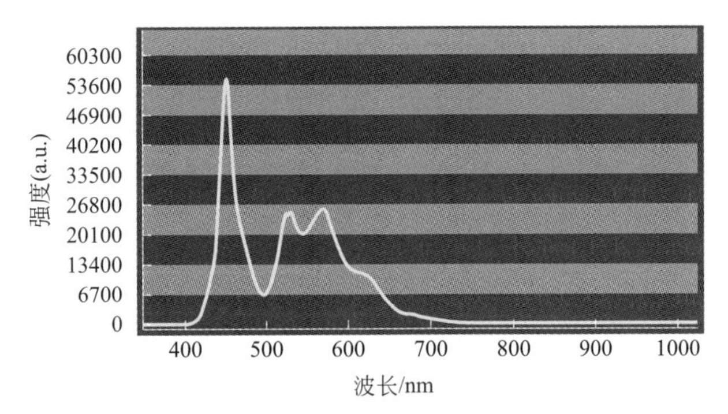

图 3-2　3500K 白光 LED 模组经 470nm LED 补光后的相对光谱功率分布

0.0000%～100.0000%，占空比分辨率达 0.0001%，脉冲波上升/下降沿时间可以低至 15.0ns]，及自行设计的驱动器（电路如图 3-5 所示）可使得当输入电压高于 48V 时，稳态光模组可以稳定地工作于脉冲驱动模式下。经过示波器的实际测试，WF1974 在输出 100Hz，占空比为 10%的方波时，上升时间小于 150ns（如图 3-6 与图 3-7 所示）。

图 3-3　远方光电 WY605 直流稳流稳压电源

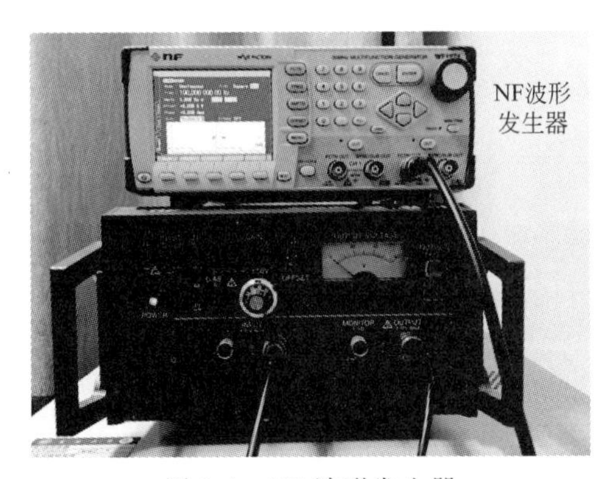

图 3-4　NF 波形发生器

（2）灯箱

为合理装配硬件，本实验平台制作了专用灯箱［见图 3- 1(b) 中的木质箱体］。灯箱由黑色的木质材料做成，并且被中间的隔板分成两半，为保证两边的光线互不影响，分隔处的缝隙均做了良好的密封。稳态光与脉冲光模

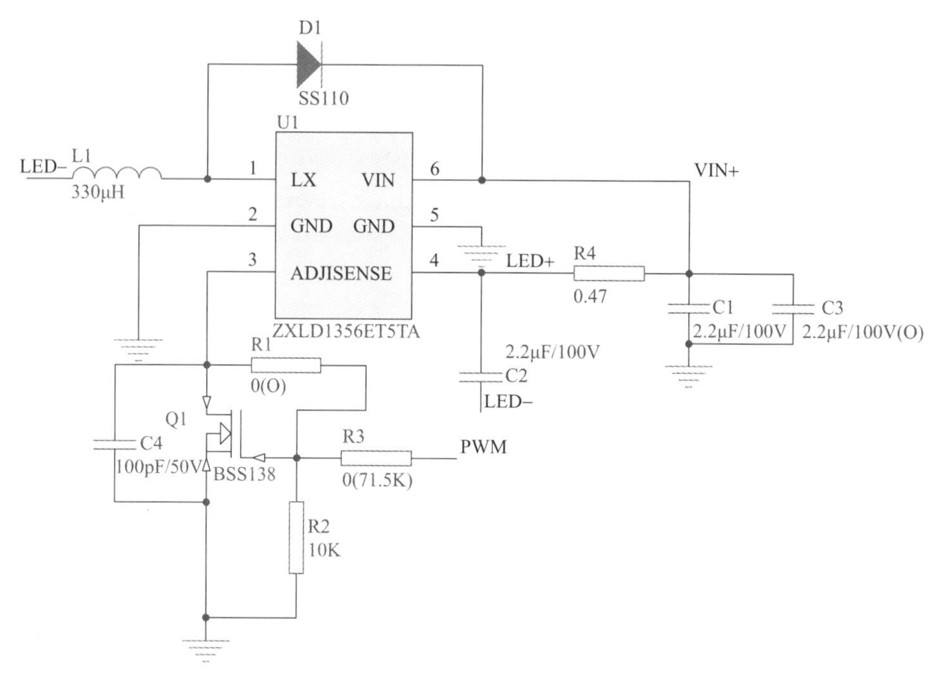

图 3-5 脉冲光模组驱动芯片电路原理图

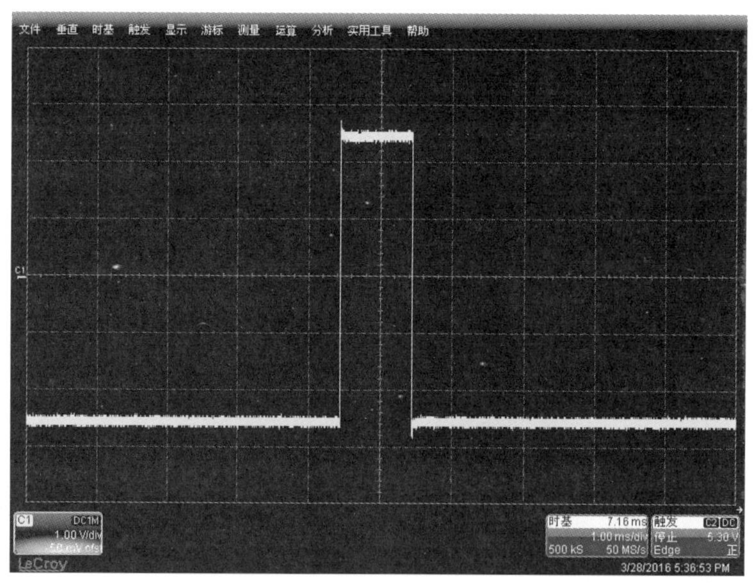

图 3-6 用示波器测量得到的 WF1974 产生的 100Hz、10%占空比的方波波形图

组分别放置于灯箱两边背板的中心处，灯箱正面的中心处有一圆形开口。开口处装有滤色片和扩散板，使被试者能够看到均匀的待测光。对于被试者而言，左半圆视场的出射光为直流光，右半圆视场的出射光为脉冲光。为了保

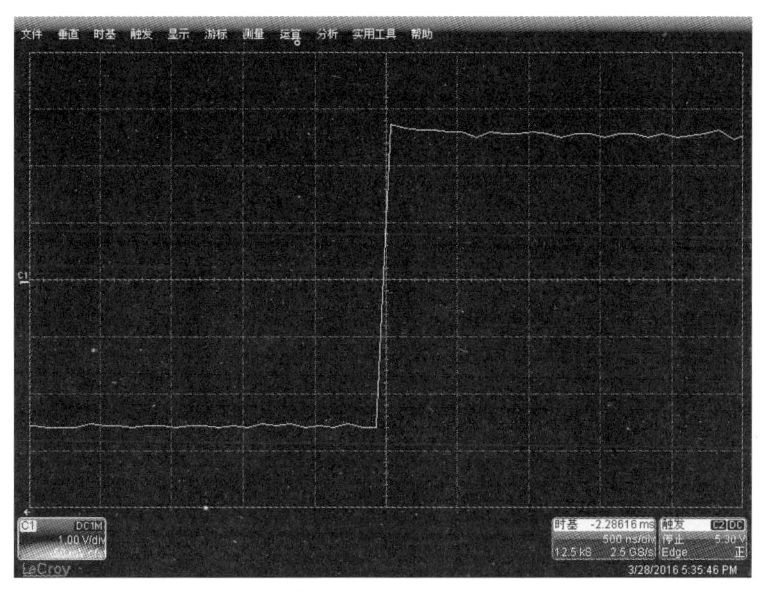

图 3-7　100Hz、10%占空比的方波的上升时间小于 150ns

证被试者不会看到频闪现象，脉冲光的频率要高于人眼的临界频闪频率，本实验平台在参考国内外相关研究的经验后将脉冲光的工作频率设定为 100Hz。

本章节中实验均以单色光为研究对象，则该光谱由上述白光 LED 模组透过窄带滤色片出光构成。本实验平台包含一批定制窄带滤色片，装配于灯箱表面，可根据具体实验参数灵活调用，其峰值波长及中心透过率的实测数据整理如表 3-1 所示。而如前文所述，脉冲驱动会导致 LED 的光谱发生偏移，这会影响被试者判断的准确性[1]。通过窄带滤色片不仅可以得到待测的单色光谱，更可以有效消除脉冲光光谱偏移对被试者视觉评价的影响，具体将在 3.1.5 中予以分析。

表 3-1　实验用窄带滤色片规格参数一览

波长/nm	430	445	460	490	475	520	550	580	610	640
透过率/%	90	71	84	87	83	75	70	65	73	87

3.1.2　光测量装置

本实验平台中，单色稳态光与单色脉冲光的测量仪器不同，前者使用照度计，后者则采用硅光探头。这是由于在实验中稳态光将涉及大范围光强调节，因此对稳态光测试要求仪器的动态范围很高，而对脉冲光的测试，要求能够快速地测试波形，同时采样波形峰值的动态范围要求很高。

本实验平台选用的硅光探头（PDA 100A-EC ，Thorlab）增益挡位选择为 40dB，相应带宽为 225kHz，其对应的等效功率噪声为 799μV，最大输出电压 5V，其后的数据采集为数据采集卡（PXI1031 机箱平台，搭载 PXI-5922 采集卡，National Instrument），采集速率 500kS/s 时准确度为 0.05%，单次测量可存储不高于 50000 个数据点。本书的试验都采用脉冲光的周期为 100Hz，这样一个周期内采集 5000 点，即使占空比为 1%，在有信号时段依然可以采集到 50 个点，且数据的准确度可以达到 0.05%，即有 2000 的动态范围，这个对书中的测试足够。

另外，2000 的动态范围对稳态光是不够的，尽管硅光探头的动态范围很宽，但其后的电路需要换挡以适配不同的信号强度，而换挡意味着需要标定不同挡位的放大倍数比，因而我们对单色稳态光的测试没有采用硅光探头，而是采用经过标定的国家一级照度计，其量程为 $0.1\sim199.9\times10^{3}$ lx，跨越 10^{6} 数量级。因此可以满足我们的要求。

实际测试时，照度计探头和硅光探头分别由升降杆固定于光具座，可左右来回移动。同时于事先做好标记，使得硅光探头相对于脉冲光半孔的垂直距离和水平相对位置，与照度计探头相对于稳态光半孔的垂直距离和水平相对位置一致；且当每次测量时探头均可重复挪动至相应的半光孔正前方中心同一位置处。测试场景实拍如图 3-8 所示。

照度计探头所测量的物理量为照度值 E（单位：lx），其数值可由探头实时显示，在后续数据处理中被用以表征稳态光的客观物理强度。硅光探头所采集的物理量为光电压波形，该波形经由后接数据采集卡记录，如图 3-9 为一波形示例。

通过 LabVIEW 自编程序进行数据处理，该程序可计算得该段波形的平均强度，该平均强度记为光电压值 U（单位：V），相应的后续被用以表征脉冲光的客观物理强度[2]。

由于稳态光与脉冲光的客观物理强度的测量仪器与量纲不同，为便于后续量化分析，照度 E 与光电压 U 之映射关系可预先经定标实验测得。具体过程为：在某一亮度量程内均匀选取测试点若干，测量每一亮度点时所对应的 E 值与 U 值。需注意，测试光源为稳态光[3]，且照度计探头和光电探头需相对光孔严格一致放置，并与正式实验中照度计探头的位置相同；同时，测试量程需覆盖正式实验中所涉及的亮度范围，映射拟合才具有有效

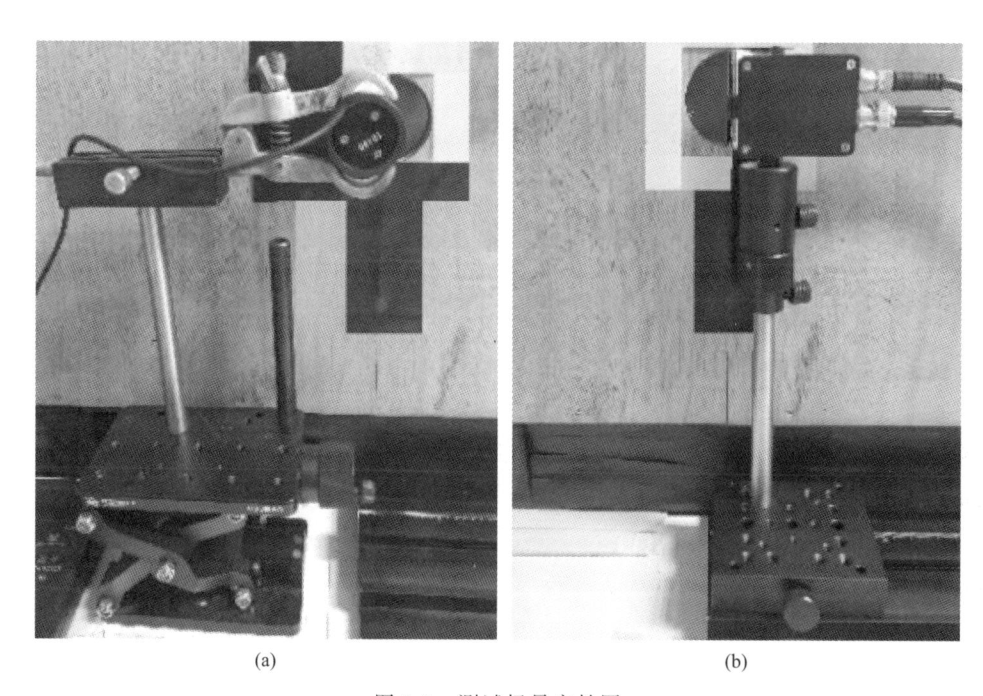

图 3-8　测试场景实拍图

（a）使用照度计测量左半光孔的稳态光；（b）使用光电探头测量右半光孔的脉冲光

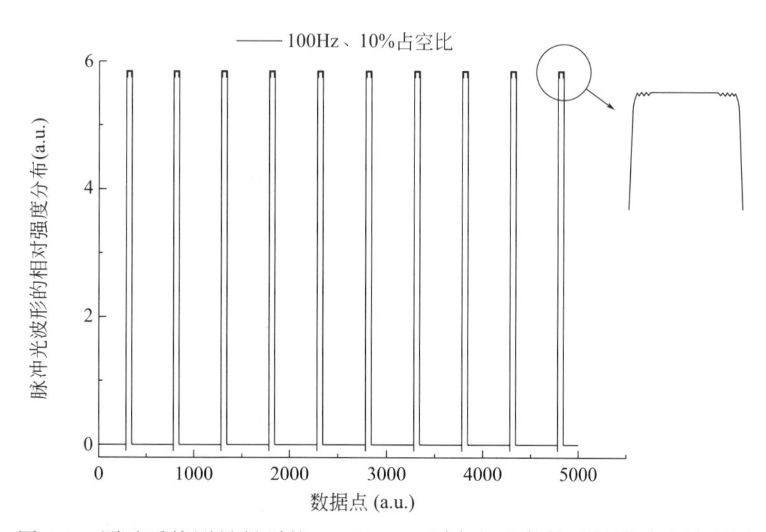

图 3-9　测试系统测量得到的 100Hz、10%占空比条件下的脉冲光波形图

性。由此，可得到使用不同滤色片滤光时，照度值 E 与光电压值 U 之间映射关系的系列数学表达式。需要指出的是，U 与 E 的映射关系中的系数与波长有关，这是由探测器的光谱相应灵敏度决定的。如下为 460nm 的情况示例：

$$U=0.0007203E \tag{3-1}$$

其应用场景为：正式实验中测得一系列视亮度匹配状态下稳态光的照度值和脉冲光的光电压值，可根据定标实验所给出的 E-U 映射，将前者的量纲转换为与后者相同，从而，计算脉冲光视亮度增益系数。同时，该映射关系也可作为仪器非线性校正数据使用。以 460nm 的 E-U 映射关系举例，如图 3-10所示可知拟合优度良好，从侧面也可表明仪器的线性度优良。

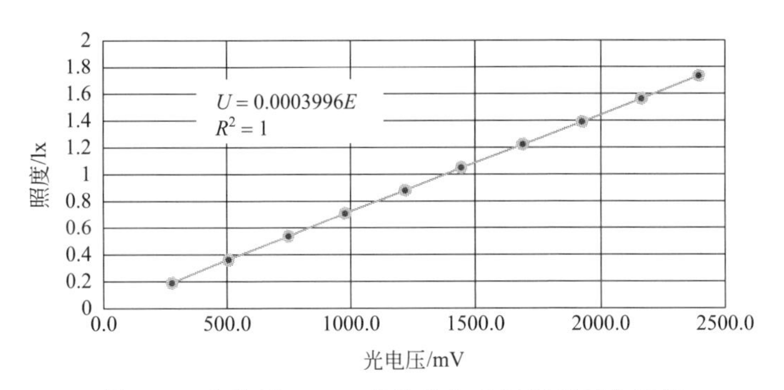

图 3-10　实验用 460nm 单色光之 E-U 映射拟合示例

后续的试验一律以 U 与 E 测试数据，进行类似式(3-1) 的映射关系后，作为基本数据进行稳态光与脉冲光的数据处理原始数据，不一一赘述。

3.1.3　基于“视亮度一致”的实验流程

基于对以往相关研究的调研与分析，本书采用被试者直视并观察实验光源本身的目视方式。除却使用的光源与窄带滤色片规格不同（以得到不同的脉冲光单色波长），单次实验之全流程均相同。其可简述为：实验中，经由被试者判断并自行调节，将得到一个与一定调制参数下的脉冲光视亮度一致的稳态光状态，进而实验者可后续予以比较分析两者此时的客观物理强度。

而如何定义“视亮度一致”状态、并得到表征该状态的光源光参数，此即为本实验方法之核心内容。本书经研究认为，由于人眼不可能精准如仪器，“视亮度一致”实则为一连续区间，而非一孤立“一致点”概念。可由如下实验证明：若当被试判断两个光源视亮度刚好一致时，将一侧光源亮度固定，另一侧光源亮度在一定范围内微调，存在该变化无法被被试者目视察觉的可能性，且该可能性存在被试间个体差异。因此，需要测得该“视亮度一致”区间的两个端点数值，才能有效保留“视亮度一致”状态的完整信息。

因而在本书中，将采用测量该“视亮度一致”状态区间的两端点、并计算其平均值以表征理想情况中的“视亮度一致”的孤立点的做法，如图 3-11 所示。当脉冲光强度恒定时，稳态光低于该区间的低值端点或高于其高值端点，则会导致被试目视观察到两者视亮度不一致。基于以上视亮度匹配概念与方法定义，完整实验流程如图 3-12 所示。正式实验开始前，实验者与被试者进行充分沟通，确保被试者清晰地了解该视亮度匹配方法的定义，并多次练习以熟悉相关实验操作。而除此之外在全实验过程中，对于左右灯箱内的光源信息、波形发生器的设置以及电源的电压电流具体数值等信息，均隐去不让被试者知晓，确保其在全实验过程中仅仅做出目视亮度判断，而不存在其他干扰信息。

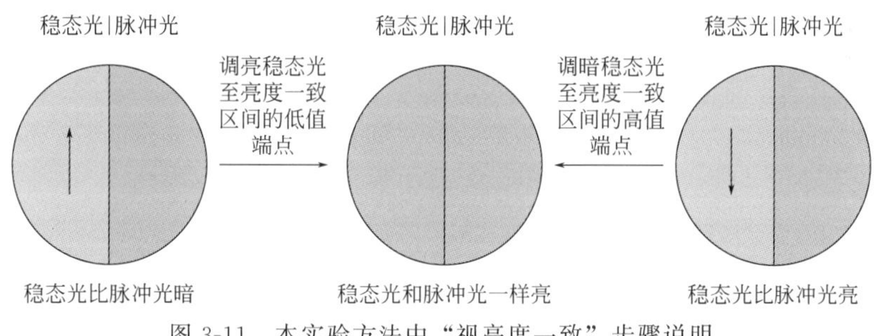

图 3-11　本实验方法中“视亮度一致”步骤说明

3.1.4　实验方法的可靠性验证

在正式开展脉冲光和直流光的视亮度匹配实验前，先进行了一项预实验，以确保实验系统的可靠。进行预实验的主要目的及原因有两个：

首先，虽然被试者在实验前未被告知和实验有关的任何信息，但是 LED 模组的驱动模式并不是随机的，即灯箱左边的模组始终工作在直流驱动模式而右边的模组一直工作在脉冲驱动模式。若灯箱两边 LED 模组的安装方式不同或存在其他的系统固有偏差，使得出光口左右两边的光线在物理强度相同时本身就不一样亮，这样的系统误差会对实验结果造成影响。

其次，本实验通过脉冲光和直流光之间的物理强度与视亮度之间的关系来探究脉冲光的视亮度增强效应，但被试者能否正确地进行视亮度匹配还不得而知。如果只开展脉冲光和直流光的视亮度匹配实验则缺少足够的数据对被试者的分辨能力作出判断。通过开展直流光和直流光的匹配实验，若被试

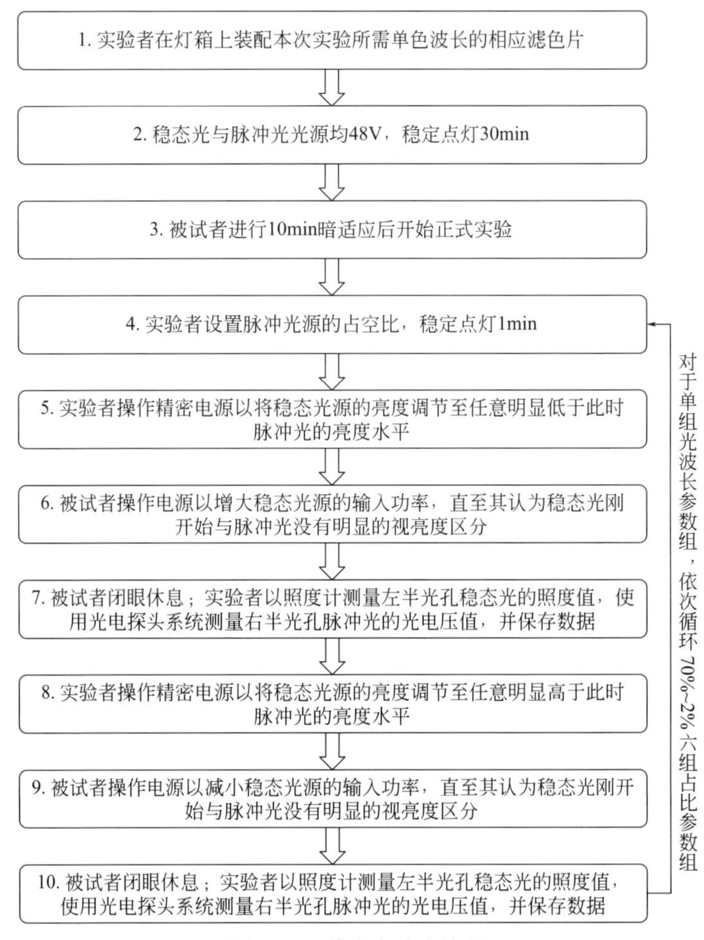

图 3-12 单次实验全流程

者的视亮度分辨能力正常，则当左右两边的视亮度相等时，它们的物理强度也应该相等。

DC-DC 实验的结果如图 3-13 所示，由于后续将进行 7 个波长的实验，因此验证实验也采用了 7 个波长。而亮度值采用较小的数值，即后续实验中对应的占空比分别为 5%、10%及 20%的亮度。图中图形标记表示 7 种波长条件下的实验测试数据，点划线代表测试数据的平均值。图中横坐标表示三种不同的亮度等级分别对应后续实验的占空比为 5%、10%和 20%时的亮度值，纵坐标则表示左右视场的相对光谱功率的比值。可以看出，所有的实验测试数据均处于 0.94～1.07 之间，而三个亮度等级的平均值几乎都为 1。通过使用 SPSS 统计分析软件进行单样本 T 检验，结果显示 $p=0.821$，实验测试的结果和 1 之间没有显著差异。DC-DC 实验的结果表明，本实验的测试系统没有明显的系统误差，被试者的视觉分辨能力正常，可以正确地进行视觉亮度匹配实验。

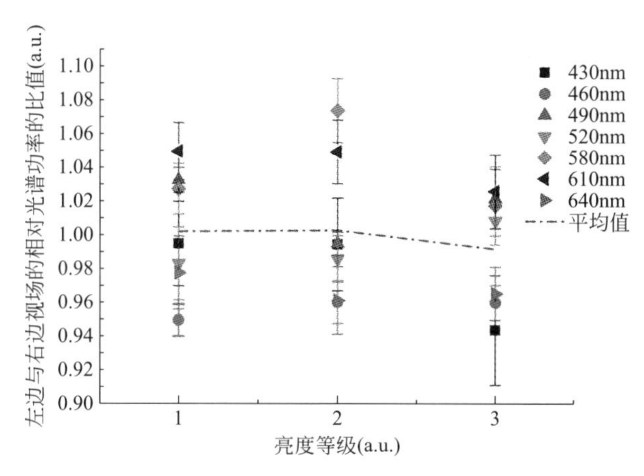

图 3-13　DC-DC 实验结果：当视亮度相等时，三个亮度等级下左右两边光线的物理强度比值均接近于 1

3.1.5　被试筛选

被试人员需经挑选后方可参与正式实验，其矫正视力达 1.0，且无眼病史。对于被试人员的筛选主要经由以下三个检验流程：

① 被试者需通过 Ishihara 颜色测试检验，证明其具有正常的视觉感知能力。

② 被试者均通过 100Hz 的频闪测试，证明其视觉临界融合频率均低于 100Hz，在实验中无法感知到任何可见频闪。

③ 被试者均通过 DC-DC 验证的预实验。该预实验内容为：在不告知被试实验内容的前提下，进行不同光亮度强弱等级、不同波长单色光的直流光与直流光之间的视亮度匹配实验，若被试视亮度分辨能力正常，则当两者的视亮度相等时，它们的物理强度也应测得近乎相等（考虑一定的误差容许范围）[4]，由此可判断四位被试者是否能够做出客观且稳定的感知判断，且对待实验的态度是否认真负责。

因此，基于以上筛选步骤，方可认为被试者是可靠的数据来源，可参与后续全程实验。

3.1.6　实验误差分析

经分析，本章所述实验研究中存在以下潜在的数据误差源，与实验装置相关，也与实验操作及方法相关，具体在下面内容中予以阐述。

（1）LED光源的光谱漂移

实验过程中所涉及的大范围的电流调节以及大范围的占空比调节可能会导致LED芯片产生一定程度的光谱漂移，从而改变光源色表（Appearance），并一定程度影响被试者的目视感知状态。特别是当研究对象为单色光时，因此时被试者的视觉感知较白光观测更为敏感，目视判断之准确性更容易受影响。

这一光谱漂移问题已有多位研究者予以关注并研究，譬如Pasi Manninen等于2007在*APPLIED PHYSICS LETTERS*杂志上发表的研究表明，随着脉冲光占空比参数的减小，LED峰值波长会产生一定程度的蓝移（Blue shift），以及半宽相应窄化[5]。香港理工大学的Loo等则通过理论计算与实验研究发现，不同的驱动方式（DC，PWM，Bilevel Drive）对于白光LED的光色影响不尽相同，PWM调光电路需要在未来进一步改进才能使得光源有更好的光色稳定性[6]。

本书所述实验则利用窄带滤色片的“窗口效应”以消除光谱漂移带来的色表变化问题，其有效性可由实测数据证明。其具体为：

LED白光光谱可分解为460nm蓝光芯片自身发射的蓝光与YAG荧光粉激发后所产生的黄光，光谱漂移主要来源于前者。使用光纤光谱仪测量经430nm、445nm、460nm与475nm窄带滤色片滤光后的单色光在无占空比调制与5%占空比调制下的相对光谱功率分布，并计算其峰值波长偏差。以445nm波段滤色后的单色光为例，其无脉冲调制与5%占空比脉冲调制时的光谱分布如图3-14所示，易知其光谱峰值几乎无变化。部分波段光谱峰值漂移数据总结如表3-2所示，可知所举例的四组单色波长组的光谱漂移量均非常小。

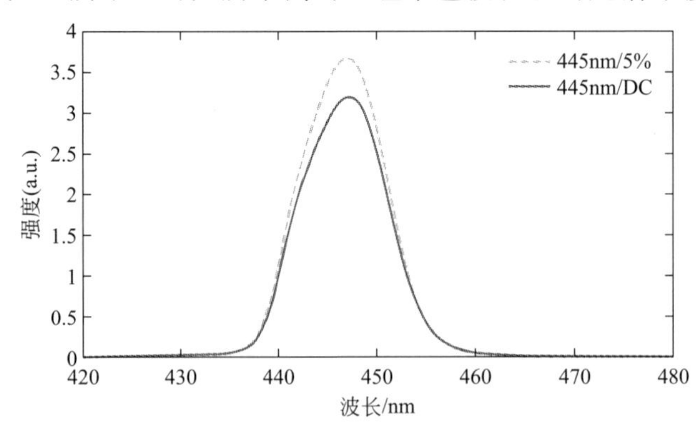

图3-14　445nm光谱漂移比较图

分析其原因可知，这是由于窄带滤色片的“窗口效应”所致，即便白光模组中蓝光波段因驱动方式或驱动功率变化而产生了一定程度的光谱漂移，但滤色片的透过峰是固定的，因此最终被目视观察到的单色光光谱也相对稳定。

因窄带滤色片本身为单色脉冲光视觉研究中所必需的实验材料，因此该方法无须附加额外的硬件装置，也不需要如同 Masafumi 于 2014 年提出的“以同步驱动方式消除光谱漂移影响”[7]，以牺牲驱动电路复杂程度为代价。另外需要说明的是，据文献［17］所述内容可推断，同步驱动法只适合于脉冲光占空比为定值、而以其他参量为研究对象的相关实验，因此并非对于脉冲光视觉研究体系具有普遍意义。

表 3-2　占空比为 5%的脉冲光与直流光的光谱漂移举例

单色波段/nm	峰值波长漂移量/nm
430	0.91
445	0.18
460	0.00
475	0.18

然而，经滤色后的单色光在不同驱动功率和驱动方式下的光色特性保持相对稳定，并不意味着其透过滤色片所输出的光通量也无变化。基于使用光纤光谱仪实测的白光光谱数据，理论计算当其光谱红移及蓝移 5nm（该数值被本研究认为是可能产生的白光光谱漂移的最严重情况）前后，所透过固定波长窄带滤色片的光通量相对变化率。以 445nm 窄带滤色片为例，计算得当白光模组光谱蓝移 5nm 前后，透过窄带滤色片后的出光光通量相对变化率达 12%。所幸在本书的实验方法中，采用的是实时视亮度目视观测与一致度匹配，因此在不同占空比组的实验中光通量即使产生相对漂移，也不会对视亮度匹配状态的测量引入不确定误差。故经分析，该误差源不会对实验结果的精准性产生显著影响。

（2）稳态光与脉冲光强度测量中的相互串扰

本研究所采用的视亮度匹配方法参考了人眼光谱光视效率函数测量中的最小边界法。根据该方法定义：待测光与参照光共同组成一圆形视场。初始状态下，两个半圆视场中间会有较明显的分界（由两边的不同视亮度所导致）。当观察者不断调节直至视亮度匹配时，视场分界线将会消失，该临界点即为最小边界法的判定依据[4]。由此在硬件平台搭建时，将灯箱表面稳态光与脉冲光的出光口制作为两个无间隔的半圆光孔，中间以不锈钢薄板相隔。而由于并未采用如一些其他研究中将脉冲光和稳态光光源以一定距离隔开的做法[8,9]，测量串扰的产生将不可避免。

测量串扰可具体表述为：由于实验者的测量过程需模拟被试者的目视过程，即测量任意半光孔时不关闭/遮挡另一半光孔光源。由于两者相贴近，因而稳态光的最终测量量会包含部分脉冲光量、脉冲光的最终测量量也将包含部分稳态光串扰。

测量串扰的影响可经由以下推导确定。

当视亮度相匹配时，设 x 为左半光孔理论测量值、y 为右半光孔理论测量值，两者均为无串扰理想情况。设 x' 为左半光孔实际测量值、y' 为右半光孔实际测量值，两者均为包含串扰实际情况。设 a_1 为右侧光对左侧光测量的串扰比例，a_2 为左侧光对右侧光测量的串扰比例。假定光源发光均匀，则串扰是对称的，总串扰比例 $a=a_1=a_2$。设脉冲光视亮度增益系数为 θ。

理想情况中，即不考虑串光时，$\theta=\dfrac{x}{y}$。而实际情况中考虑串光，则脉冲光视亮度增益系数应修改为$\theta'=\dfrac{x'}{y'}=\dfrac{x+ay}{y+ax}$。则其比值$\dfrac{\theta'}{\theta}=\dfrac{(x+ay)/(y+ax)}{x/y}=\dfrac{1+a/\theta}{1+a\theta}$。

对于 a，于（0，10%）区间中取值，意为对于左半光孔的测量，预估其中至多含有 10%的光量来自右半光孔串扰；对于右侧测量亦然。对于 θ，于（1，1.7）区间中取值。因基于先前文献调研，预估脉冲光将至多产生 70%的视亮度增强效应，且占空比越小增强效应越显著。占空比越小也意味着驱动电流不变时脉冲光亮度越低，易于理解，测量更“弱”的光将更“易”收到干扰影响。

MATLAB 编程计算结果表明：当串扰效应最强（即 a 取最大值 10%）、光亮度最低（即 θ 取最大值 1.7）时，实际情况与理想情况下脉冲光视亮度增益系数的比值（θ'/θ）约为 0.905，即最严重的串扰效应所带来的数据误差能保持在 10 个百分点以内。而在本书所述实验平台的实际使用中，实验者测算得 a 值一般为 3%～5%，因此实际的数据误差预估约为 5 个百分点。

（3）精密电源电流调节挡位的选择

在实验中，被试者对于稳态光亮度的调节是通过其对稳态光模组电源的相应操作以完成。对于实验所用稳压稳流精密电源，恒流状态下其电流的调节可分为粗调（coarse）、中调（middle）和细调（fine）三挡，具体操作中按经验选择后两挡其中之一。

对于细调挡，优点在于其电流调节分辨率为中调挡的100倍，因此对应于3.1.3节中所述的“视亮度一致”状态区间，可更精准地捕捉到其低值与高值端点。然而其缺点也恰恰在于电流调节过于细致，导致被试者在电流调节旋钮旋转数圈之后，依然发现光源目视亮度基本无变化，以此导致一定程度上的视觉疲劳或注意力分散。而中调档的优缺点则正好相反。

挡位调节有时较难选择，根据上述分析则其可能为数据误差源之一。因此在被试筛选验证实验期间，即倾向于挑选判断标准稳定、心理状态稳定的志愿者，且其具有理工科背景，具有相关的电源操作经验。而在正式实验期间，每次单次实验开始前均进行一至两组练习组，以帮助被试者重温实验流程与细节（因限于实际因素，每位被试者的多次实验陆续进行，非集中于某一天或某几天）。

以此，可使得被试者对精密电源的操作有较好的把握，最大限度减少操作误差。

（4）由实验目视方式所导致的眩光感

本实验中被试者直视并观察实验光源本身，而非被试者观察被实验光源所照亮的物体，但视场范围内不接触光源[8,10~12]之方式，因后者的亮度判断可能会受到被试者对待观察物体的颜色记忆色判断之干扰[13]。然而，被试者直视光源可能会有一定的眩光感，尤其是本实验于暗室中进行，从而产生视疲劳进而导致视觉效能下降。

为此，实验过程中设有一些眩光减缓措施，如灯箱出光孔表面覆盖漫反射匀光板，以及单组占空比实验间隙令被试者闭眼休息几分钟等。因此可有效降低直视光源这一目视实验方式所产生的潜在误差。

3.2 脉冲光视亮度增强效应研究

为了研究脉冲光具有视亮度增强效应，本研究设计的实验系统通过使用滤色片，巧妙地解决了前人实验中遇到的脉冲光光谱偏移问题。此外，如前文所述，评价脉冲光的视亮度增强效应时，应该采取比较直流光和脉冲光的物理强度（比如辐射通量）的方式，而不是前人研究中比较直流驱动和脉冲驱动LED的输入功率的方式。在完成实验系统搭建、确立评价方法之后，本实验在暗环境下测量了不同占空比及波长条件下，脉冲光视亮度增强效应的变化情况。

3.2.1 实验参数

本实验的主要参数为波长和占空比。为了避免脉冲光光谱偏移的影响，通过选取两种透过率的滤色片在可见光范围内得到单色光。本实验采用滤色片获得两种单色光（550nm绿光和640nm红光）。同时，为了研究脉冲光视亮度增强效应和占空比之间的关系，本实验等间隔地选取了10%～90%共九组占空比进行探究。具体的参数见表3-3，两个LED模组的主要光学特性见表3-4。

表3-3 本实验的主要参数列表

参数	组数	取值
光色/nm	2	550,640
占空比/%	9	10,20,30,40,50,60,70,80,90

表3-4 本实验中两个LED模组的主要光学特性

参数	LED模组 1	LED模组 2
峰值波长/nm	640	550
相关色温/K	5317	5321
光通量 lm/	1215	1216

3.2.2 实验方法与流程

实验的环境亮度一般为中性白或暗环境[14,15]，而为了防止亮环境影响被试者对脉冲光视亮度增强效应的判断，本实验的所有实验过程均在暗环境下完成。每位被试者进入实验场景后会有20min左右的时间适应整个实验环境，同时灯箱内的两条LED模组也提前打开，以便实验测试时能够达到稳定的工作状态。

待被试者适应实验环境以及LED模组工作在稳定状态后，具体实验步骤如下：

① 实验人员在外部设定好脉冲频率及占空比。

② 将直流光的亮度调到一个较低的等级。

③ 被试者开始视亮度匹配实验。开始时脉冲光比直流光更亮，被试者需要不断调节直流光的工作电流直到其认为两种光看起来一样亮，此时实验人员在出光口固定位置处测量脉冲光和直流光的物理强度。

④ 实验人员继续调节直流光的工作电流，直到直流光比脉冲光更亮，此时被试者开始往回调，直到其再次认为两种光看起来一样亮，实验人员记录此时两种光的物理强度。

⑤ 分别计算脉冲光两次物理强度的平均值以及直流光两次物理强度的平均值。

被试者在实验前并未被告知此实验的具体目的，亦不知晓 LED 模组的驱动模式。在每次实验间隔，被试者被要求休息 5～10s 时间，以消除视觉疲劳引入的影响。实验过程实景图如图 3-15 所示。其中“视亮度匹配”的具体概念细节描述请见 3.1.3 部分。

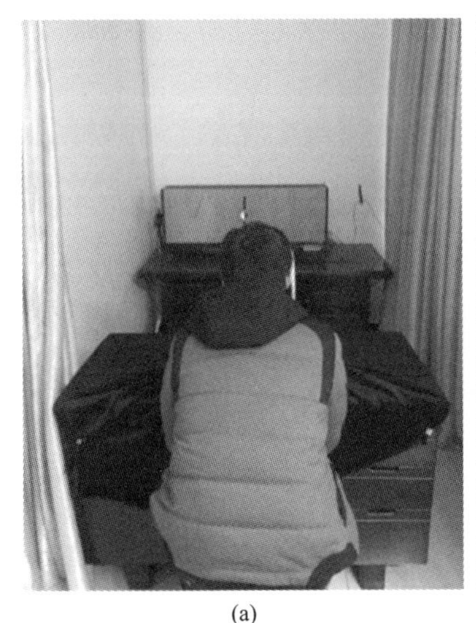

(a)

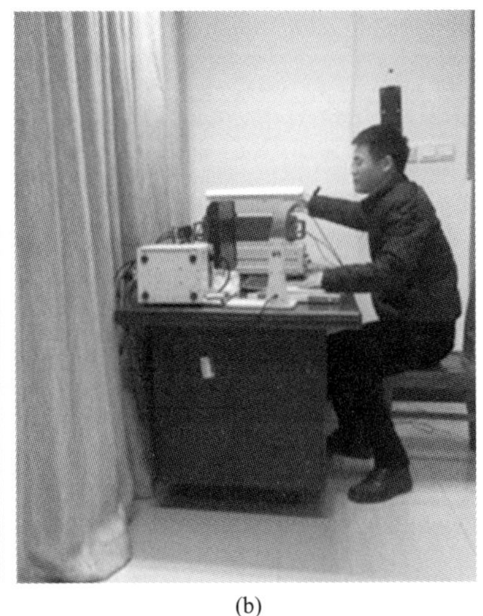

(b)

图 3-15　实验过程实景图

(a) 被试者观察直流光与脉冲光，并可以在内部调节直流光的亮度；

(b) 实验人员在外部设定脉冲光的工作参数，并通过电脑自动记录所测数据

3.2.3　实验结果与分析

本实验共选择了 20 名被试者（平均年龄为 24 岁）参与实验研究，共得到 2400 组实验数据。本实验选取视亮度增益系数作为评价指标，定义为直

流光与脉冲光在视亮度相同时，二者的物理强度之比值，物理强度是指二者在光电探头上形成的光电流经转换后的电压值。由于视亮度增益系数是比值，所以它是一个无量纲参数。视亮度增益系数的定义可以由下面的公式推导得出：被试者对直流光和脉冲光的视觉感知亮度可以由式(3-2)和式(3-3)表示，

$$L_{DC}=K_m\int P_{DC}(\lambda)V(\lambda)d\lambda \tag{3-2}$$

$$L_{PL}=K_m\int P_{PL}(\lambda)V_p(\lambda)d\lambda \tag{3-3}$$

式中 $P_{DC}(\lambda)$，$P_{PL}(\lambda)$——直流光和脉冲光的光谱功率分布；

L_{DC}，L_{PL}——直流光和脉冲光的视亮度；

K_m——人眼的最大光谱光视效能；

$V(\lambda)$——光谱光视效率函数；

$V_p(\lambda)$——脉冲光光谱光视效率函数，因为实验结果显示人眼对相同光谱功率分布的直流光和脉冲光的视觉感知亮度不同，所以这里假设脉冲光的光谱光视效率函数为 $V_p(\lambda)$。

根据上一小节介绍的实验过程，被试者在认为直流光和脉冲光的视觉亮度相等时，实验人员测试二者的物理强度，即此时有公式(3-4)：

$$\int P_{PL}(\lambda)V_p(\lambda)d\lambda=\int P_{DC}(\lambda)V(\lambda)d\lambda \tag{3-4}$$

由于直流光和脉冲光的光谱功率分布的形状相同，所以二者之间有如下关系，k_{en}即为视亮度增益系数，

$$P_{DC}(\lambda)=k_{en}P_{PL}(\lambda) \tag{3-5}$$

由于 $V_p(\lambda)$ 未知，所以无法直接利用式(3-4) 和式(3-5) 求得 k_{en}，但经测试系统测量得到的直流光和脉冲光的物理强度可以表示为，

$$I_{DC}=\int P_{DC}(\lambda)s(\lambda)d\lambda=k_{en}\int P_{PL}(\lambda)s(\lambda)d\lambda \tag{3-6}$$

$$I_{PL}=\int P_{PL}(\lambda)s(\lambda)d\lambda \tag{3-7}$$

式中 I_{DC}，I_{PL}——直流光和脉冲光的物理强度；

$s(\lambda)$——光电探头的光谱响应曲线。

因此，视亮度增益系数可以由直流光与脉冲光的物理强度的比值来求得，如式(3-8) 所示，它的大小反映了视亮度增强效应的强弱：

$$k_{en}=\frac{\int P_{DC}(\lambda)s(\lambda)d\lambda}{\int P_{PL}(\lambda)s(\lambda)d\lambda} \tag{3-8}$$

本实验共测量了红光（640nm）、绿光（550nm）两种光谱在10%～90%

占空比条件下的视亮度增益系数，具体的数据如图 3-16 所示，图中纵坐标为视亮度增益系数，横坐标表示占空比，方块代表红光（640nm），圆形代表绿光（550nm），虚线对应的纵坐标正好为 1.05。如果脉冲光具有视亮度增强效应，则视亮度增益系数应大于 1。从图 3-16 中可以看出两种光谱的视亮度增益系数随占空比的减小呈现出逐渐增加的趋势，并在占空比为 10％时达到最大值。红光在占空比小于 70％时视亮度增益系数大于 1.05，呈现出视亮度增强效果；而绿光的视亮度增益系数除占空比小于 20％时大于 1.05 以外，其余各个占空比条件下均位于 1.00～1.05 之间，视亮度增强的效果并不明显。

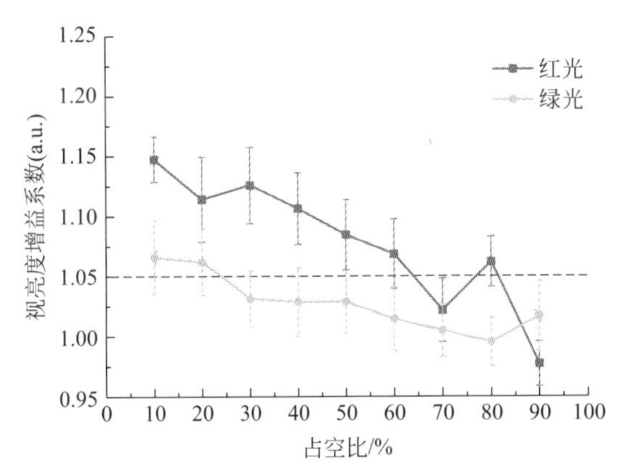

图 3-16　直流光与脉冲光的视亮度增益系数与占空比之间的关系

这里需要说明的是，本实验中并未采取 Jinno、Ohno 等通过比较 LED 的输入功率来评价脉冲光视亮度增强效果的方法。其原因为：脉冲光和直流光的光谱分布本身不存在差异，如果能够产生视亮度增强效应也是因为脉冲光的波形不同于直流光，所以在评价脉冲光的视亮度增强效应时不应该比较 LED 的输入功率，而应该比较脉冲光和直流光的物理强度。因此，本实验的评价方法并没有测量 LED 模组的输入功率，而是将评价的重点集中在出射光的物理强度，真正做到了探究脉冲光的占空比对人眼视觉亮度感知的影响。

本实验的结果与 Jinno Masafumi 等的实验结果相比存在着一定的差异[15]。他们的实验中使用光通量（luminous flux）来计算视亮度增益系数，如式(3-9）所示，

$$k_{\mathrm{J}}=\frac{\int P_{\mathrm{DC}}(\lambda)V(\lambda)\mathrm{d}\lambda}{\int P_{\mathrm{PL}}(\lambda)V(\lambda)\mathrm{d}\lambda} \tag{3-9}$$

式中　$V(\lambda)$ ——明视觉光谱光视效率函数。

但是，本实验中的视亮度增益系数可以表示为式(3-8)的形式，若直流光和脉冲光的光谱功率分布不同，即使在同样的实验条件下，k_J和k_{en}也不相同。因此，为了便于和Jinno Masafumi的实验结果进行比较，我们特别计算了本实验中脉冲光和直流光的光通量的比值。由于滤色片的使用很好地消除了光谱偏移的影响，经计算，本实验中脉冲光和直流光的光通量的比值与物理强度的比值差异很小，红光和绿光分别只有1.5%和0.3%。

表3-5给出了转换为光通量比值的本实验结果与Jinno的实验结果在10%占空比条件下的比较情况。Jinno的实验中，红光和绿光均呈现出视亮度增强效应，且绿光的增强倍数明显大于红光[8]。产生上述差异的原因主要有两点：首先，两个实验的被试者人数不同。Jinno的实验只选取了两名被试者，人数过少可能会因为个体的差异而对实验结果造成影响；本实验选择了20名被试者，较多的人数可以消除上述影响。其次，当光谱偏移的程度大于人眼的颜色分辨阈值时，显然会对实验结果造成影响。本实验所测量的两种波长的单色光因为使用了滤色片，其光谱偏移均小于相应的颜色分辨阈值。综上两个主要的原因导致了本实验与Jinno实验结果的差异。

表3-5　本实验与Jinno实验在10%占空比条件下视亮度增益系数的比较

参数	红光视亮度增益系数		绿光视亮度增益系数	
10%占空比	Jinno实验 1.2	本实验 1.15	Jinno实验 1.88	本实验 1.09

根据本实验的结果可得出初步的结论：低占空比的脉冲光确实存在视亮度增强效应，且该效应和波长及占空比均有关系，人眼中存在某种针对脉冲波形的非线性响应过程。本实验仅测试了两种光谱就已呈现出不同的特性，因此很有必要对更多的光谱展开研究。此外，本实验中两种光谱的视亮度增益系数随着占空比的减小均呈现上升趋势，占空比越低视亮度增强效果越明显，因此有必要对占空比更低的情况进行探究。由于本实验系统在占空比＜10%时，圆形视场的亮度水平低于明视觉范围，此时杆状细胞也会对视觉感知产生作用，而亮度过低时被试者进行亮度匹配的困难程度明显提高，这也会造成实验结果的不准确。因此，在对实验系统进行改进后，本书后续章节将对更低的占空比以及更多波长的光谱展开研究，最终得到基于脉冲宽度的脉冲光光谱光视效率函数。

3.3 脉冲光视亮度增强效应的可相加性研究

低占空比的脉冲光既然能产生视亮度增强效应，说明人眼视觉系统中的某个非线性过程会对低占空比的脉冲光产生响应，但此非线性过程是否会影响脉冲光视亮度的相加性还没有科学家展开过相关研究。因此本实验采用与上一节相同的实验方法和装置，通过红＋绿滤色片（即同时通过红光和绿光）来获得红光（主波长为 640nm）和绿光（主波长为 550nm）两种光的混合光，通过对比实验数据与理论数据来探究脉冲光是否符合相加性。

3.3.1 实验参数

本实验的实验系统、参数、实验环境及实验流程等和 3.2 节几乎相同，区别仅在于使用了不同的滤色片。图 3-17 为本实验中直流光和脉冲光的光谱功率分布，二者中心波长的差异分别为 1.6nm 和 0.4nm，小于对应波长的颜色分辨阈值，因此不会对被试者的判断造成影响。

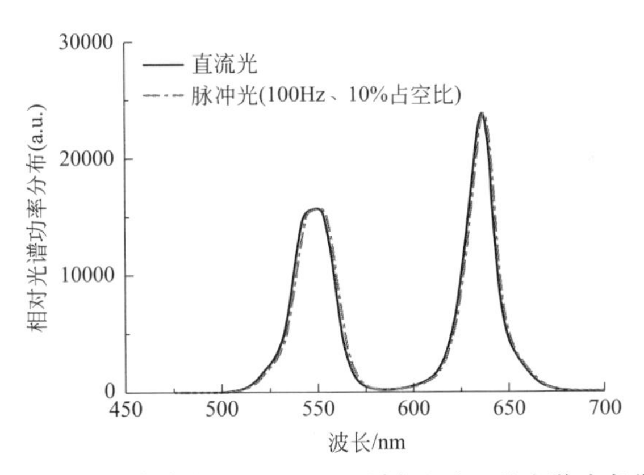

图 3-17　直流光和脉冲光（100Hz、10%占空比）的光谱功率分布对比

3.3.2 实验结果与分析

在测量了 20 名被试者的实验数据后，经计算得到了混合光的视亮度增益系数，图 3-18 为混合光视亮度增益系数与之前测量得到的两种单色光的视亮度增益系数的对比。可以看出在大部分占空比条件下，混合光的视亮度增益系数均位于两种单色光之间，但 70% 占空比条件下却是例外。为了量化两

次实验之间的差异，同时也为了探究脉冲光的相加性是否成立，本研究利用上节的实验结果计算出理论上混合光的视亮度增益系数，同本节实验结果进行对比，最终得出相加性成立与否的结论。

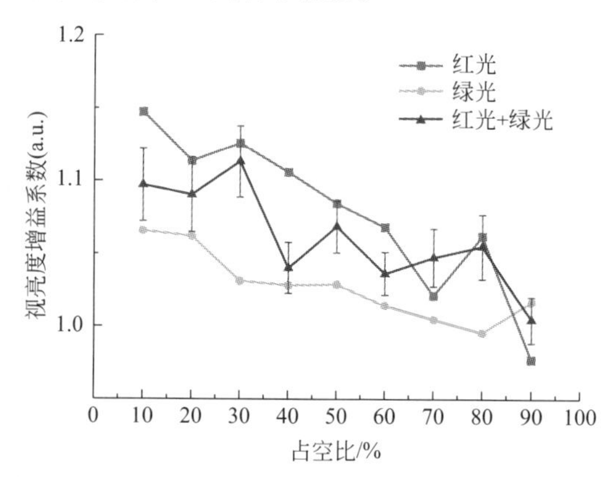

图 3-18　实验得到的混合光与单色光视亮度增益系数的对比

脉冲光和直流光之间的关系可以用下列几个式子表述，

$$k_1R=R' \tag{3-10}$$

$$k_2G=G' \tag{3-11}$$

$$k_3(R+G)=(R+G)' \tag{3-12}$$

式中，R，G 以及（$R+G$）分别代表直流红光、直流绿光和直流混合光的视亮度；R'，G' 以及（$R+G$）$'$代表脉冲红光、脉冲绿光和脉冲混合光的视亮度；k_1，k_2和 k_3分别为三种光谱的视亮度增益系数。

直流光的相加性是成立的，即

$$R+G=(R+G) \tag{3-13}$$

假设脉冲光的相加性成立，那么必然有

$$R'+G'=(R+G)' \tag{3-14}$$

将公式(3-10) ～式(3-12) 代入式(3-14)，可得

$$k_1R+k_2G=k_3(R+G) \tag{3-15}$$

因此，利用公式(3-15) 的关系，取 k_1和 k_2为 3.2 节实验所测的数值，则 k_1R+k_2G 可视作本节实验脉冲光视亮度的理论值（虽然绿光的视亮度增强效应不明显，但此处仍然按照 3.2 节测得的视亮度增益系数进行计算）。而 $k_3(R+G)$ 为本节实验脉冲光视亮度的实际测量值，通过比较二者之间的差值（δ）即可量化相加性的差异水平（图 3-19）：

$$\delta=k_1R+k_2G-k_3(R+G) \tag{3-16}$$

从图 3-19 可以看出，即使在 70％占空比条件下，理论计算的结果和实测结果差距并不大。我们按照公式(3-17) 定义相加性的失效度，可以发现几乎所有占空比条件下相加性失效度均在±5.5％以内（如图 3-20 所示）。

$$\delta\% = \{(k_1 R + k_2 G)/[k_3 (R+G)] - 1\} \times 100\% \tag{3-17}$$

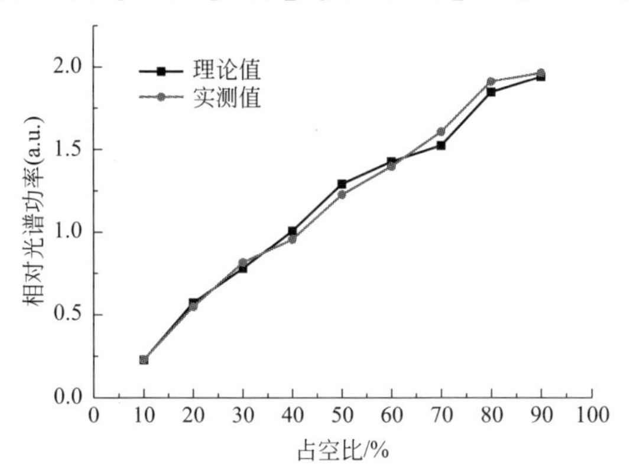

图 3-19　相加性探究：理论值与实测值对比

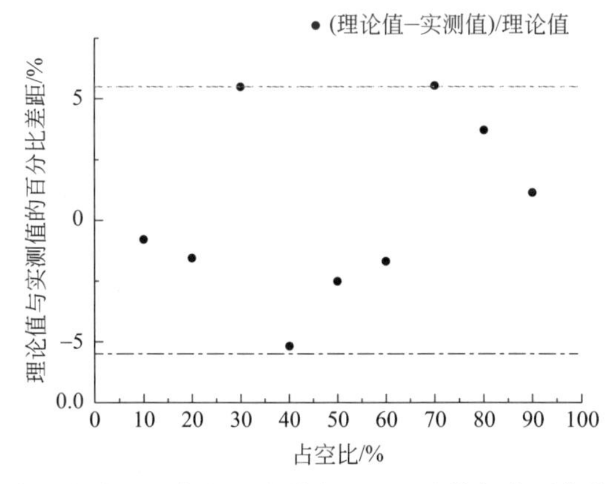

图 3-20　相加性探究：相加性的失效度，即理论值与实测值的百分比差距

上述结果和科学家发现的明视觉的次相加问题有两处明显不同：首先，次相加问题的相加性失效度均为正值或负值[8]，但本实验中的相加性失效度在不同占空比条件下有正有负，并无明显的规律。其次，明视觉的次相加问题的失效度普遍较大，具体数值在 10％或更大，但本实验中的相加性失效度在 5％左右。综合以上两点，我们认为本实验相加性的失效程度应视为人眼主观实验的合理误差，即脉冲光并不存在相加性失效的问题。

在第 2 章关于相加性的理论介绍部分我们提到过，根据人眼的视觉通道理论，明视觉状态下的次相加问题是由于颜色通道之间的非线性叠加导致的。本节的实验结果表明，虽然人眼中存在某种针对脉冲波形的非线性响应过程，但该过程并不会影响脉冲光视亮度的线性叠加。

3.4 脉冲光波长及占空比对人眼视觉感知的影响研究

在前述研究的基础上，本节开展了进一步的深入研究，测量可见光范围内 7 个波长的脉冲光在低占空比条件下的视亮度增益系数，基于实验结果得出不同波长的脉冲光视亮度增强效应与占空比呈指数关系变化的结论，并为第 4 章中建立非线性视觉模型提供数据参照。本实验共选择了 18 名被试者（平均年龄为 25 岁）参与实验研究，共得到 5544 组实验数据。为了更好地和常用的光谱光视效率函数进行对比，实验时被试者的观察角设定为 2°，实验的环境依然为暗环境。

3.4.1 实验参数

本实验的主要参数为波长和占空比。为了将研究范围拓展至整个可见光范围，通过不同的滤色片来获得 7 个波长的待测光；根据上一小节的研究结果，占空比较大时脉冲光视亮度增强效果并不明显，因此本实验设置了多组较低的占空比。详见表 3-6。

表 3-6 本实验的主要参数列表

参数	组数	取值
波长/nm	7	430,460,490,520,580,610,640
占空比/%	8	1,2,5,10,20,30,50,70

3.4.2 实验方法与流程

本实验依然在暗环境中进行视亮度匹配实验。在正式实验开始前被试者有 20min 的时间来适应整个背景环境。在被试者完成视亮度匹配后，使用光电探头来测量此时圆形视场内直流光和脉冲光的物理强度，每次测量保存 500 个脉冲周期的数据。具体的实验方法与流程参见 3.2.2 部分。

3.4.3 被试筛选

本实验所有被试者的年龄均在 22～27 岁之间，平均年龄为 25 岁。经

Ishihara 颜色测试检验，所有的被试者都具有正常的颜色视觉，且没有任何眼病史。在正式的实验前，我们测量了所有被试者的临界融合频率（critical flicker frequency，CFF），如图 3-21 所示，结果表明，在本实验中所测的 7 个光谱条件下，被试者的 CFF 均小于 100Hz。

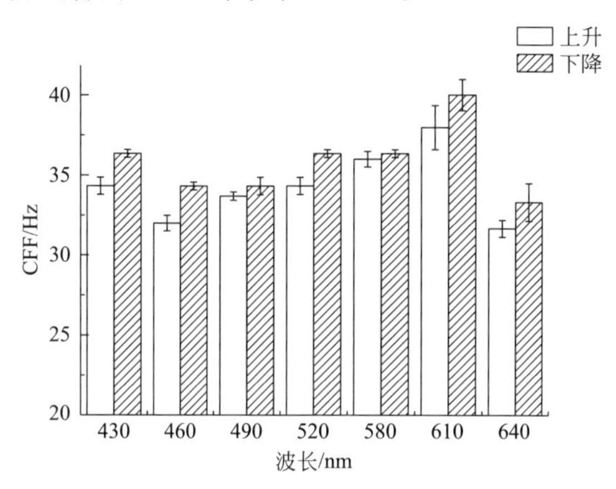

图 3-21　被试者在各个波长条件下的 CFF 值

空白条形柱代表频率上升对应的结果，斜纹条形柱代表频率下降对应的结果

3.4.4 实验结果

（1）脉冲光光谱偏移影响的消除

前文提到，脉冲驱动会引起 LED 的光谱偏移，进而影响被试者视觉评价的准确性[1,6]。在 3.2 节中，为了消除光谱偏移的影响，实验系统通过使用滤色片的方法获得红光和绿光，很好地消除了光谱偏移的影响，这是因为 LED 的光谱偏移主要发生在蓝光波段。本实验为了深入研究脉冲光的视亮度增强效应，需要在可见光范围内测量包括蓝光在内的多个光谱。因此，我们首先测量了各个待测波长的脉冲光和直流光在 5％和 10％占空比条件下的相对光谱功率分布，以确认使用滤色片依然可以消除光谱偏移的影响。考虑到篇幅的原因，本节仅给出各个波长在 5％占空比条件下直流光和脉冲光的光谱功率分布对比，详见图 3-22～图 3-28。

CIE 在 1976 年提出了均匀颜色空间 $L^* a^* b^*$，是近代所有的颜色数码成像标准和实际应用的基础[16]。它的三维坐标可表示为：

$$L^* = 116 f(Y/Y_n) \tag{3-18}$$

$$a^* = 500[f(X/X_n) - f(Y/Y_n)] \tag{3-19}$$

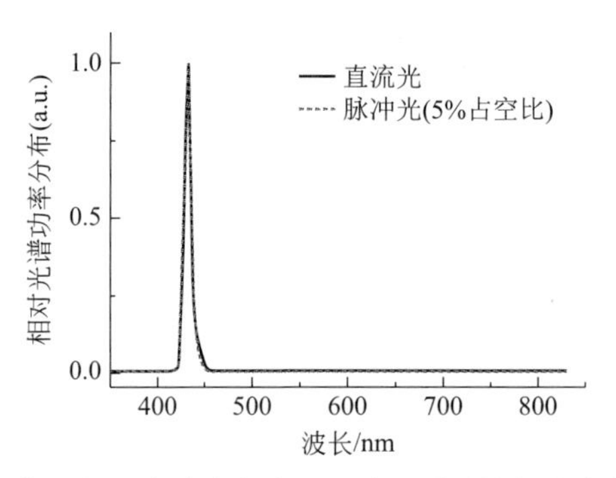

图 3-22　430nm 直流光和脉冲光在占空比为 5%时的相对光谱功率分布对比

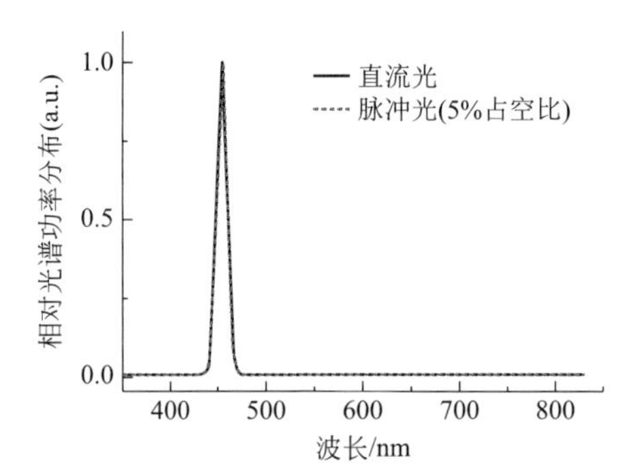

图 3-23　460nm 直流光和脉冲光在占空比为 5%时的相对光谱功率分布对比

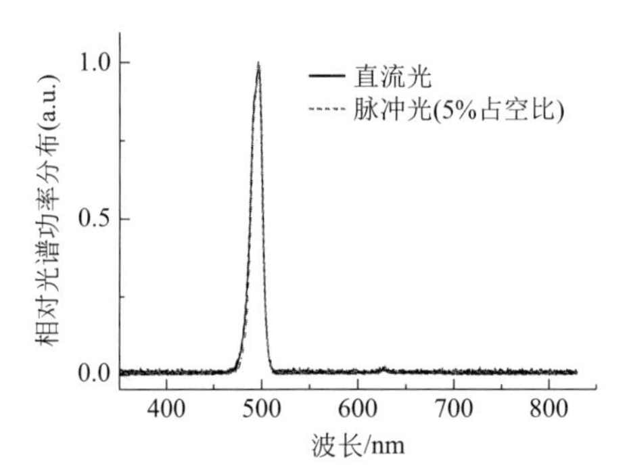

图 3-24　490nm 直流光和脉冲光在占空比为 5%时的相对光谱功率分布对比

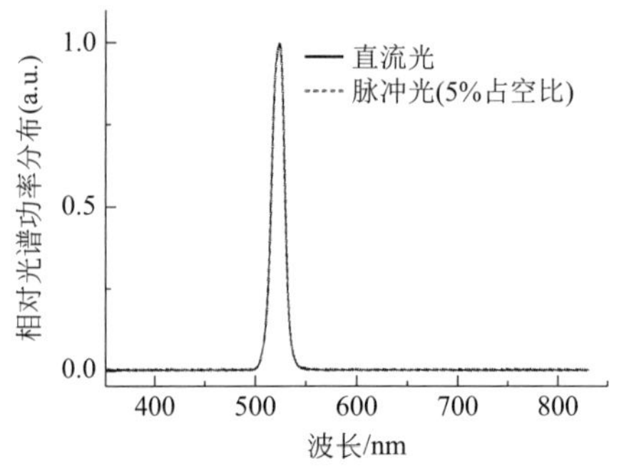

图 3-25　520nm 直流光和脉冲光在占空比为 5%时的相对光谱功率分布对比

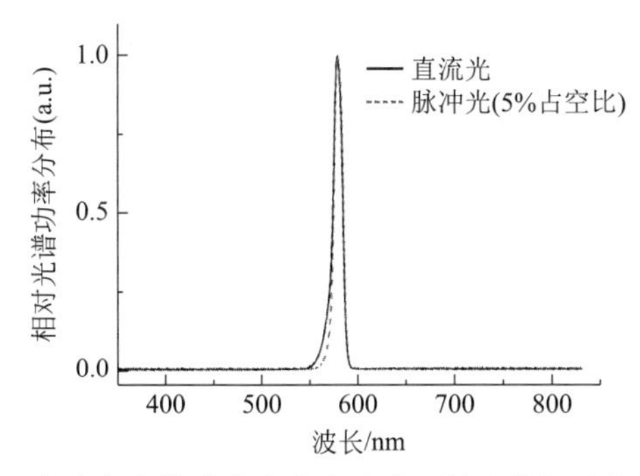

图 3-26　580nm 直流光和脉冲光在占空比为 5%时的相对光谱功率分布对比

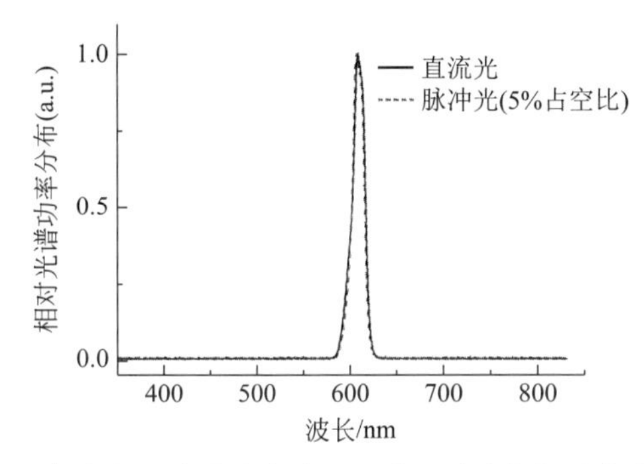

图 3-27　610nm 直流光和脉冲光在占空比为 5%时的相对光谱功率分布对比

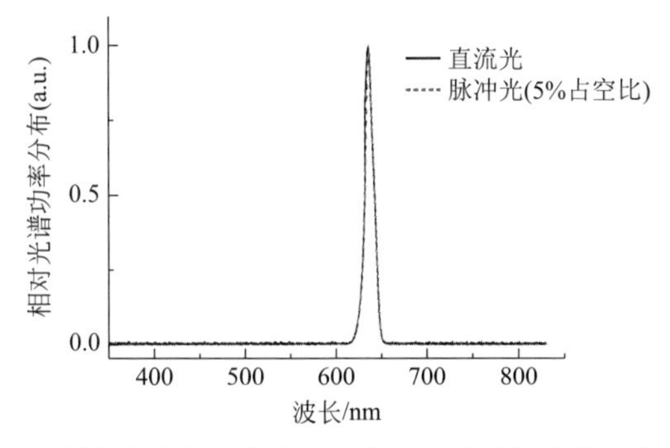

图 3-28　640nm 直流光和脉冲光在占空比为 5%时的相对光谱功率分布对比

$$b^{*}=200[f(X/X_n)-f(Z/Z_n)] \tag{3-20}$$

其中，

$$f(X/X_n)=\begin{cases}(X/X_n)^{1/3}, X/X_n>(24/116)^3\\(841/108)(X/X_n)+16/116, X/X_n\leqslant(24/116)^3\end{cases} \tag{3-21}$$

$$f(X/X_n)=\begin{cases}(Y/Y_n)^{1/3}, Y/Y_n>(24/116)^3\\(841/108)(Y/Y_n)+16/116, Y/Y_n\leqslant(24/116)^3\end{cases} \tag{3-22}$$

$$f(X/X_n)=\begin{cases}(Z/Z_n)^{1/3}, Z/Z_n>(24/116)^3\\(841/106)(Z/Z_n)+16/116, Z/Z_n\leqslant(24/116)^3\end{cases}\tag{3-23}$$

CIE 1976 色空间 $L^*a^*b^*$ 中求两个颜色的色差公式为

$$\Delta E^*=\sqrt{(\Delta L^*)^2+(\Delta a^*)^2+(\Delta b^*)^2}\tag{3-24}$$

其中，ΔE^* 为两个颜色的色差；ΔL^*，Δa^*，Δb^* 是两个颜色相应量的差，可由下式计算：

$$\begin{cases}\Delta L^*=L_1^*-L_0^*\\\Delta a^*=a_1^*-a_0^*\\\Delta b^*=b_1^*-b_0^*\end{cases}\tag{3-25}$$

表 3-7、表 3-8 分别列出了 7 个待测波长的脉冲光和直流光在 5%和 10%占空比条件下的色差计算结果。此外，还在表格的最右边两列给出了待测光的中心波长偏移量以及半波宽（full-width at half-maximum，FWHM）。所有光谱数据均由一台光纤光谱仪（Ideaoptics，E820）测得。

表 3-7　本实验 7 个待测波长的脉冲光和直流光的光谱主要参数以及色差的对比(脉冲光的占空比 5%)

波长/nm	Δa^*	Δb^*	ΔL^*	ΔE^*	中心波长漂移/nm	FWHM/nm
430	0.003	0.011	0.003	0.012	0.730	8.850
460	0.133	0.258	0.000	0.290	0.910	12.770
490	0.007	0.075	0.007	0.076	0.730	13.530
520	0.022	0.018	0.010	0.030	0.360	14.140
580	0.170	0.189	0.111	0.277	0.000	10.470
610	0.241	0.102	0.057	0.268	1.480	13.800
640	0.055	0.014	0.007	0.057	0.000	10.700

表 3-8　本实验 7 个待测波长的脉冲光和直流光的光谱主要参数以及色差的对比(脉冲光的占空比为 10%)

波长/nm	Δa^*	Δb^*	ΔL^*	ΔE^*	中心波长漂移/nm	FWHM/nm
430	0.027	0.051	0.001	0.058	0.000	9.040
460	0.050	0.068	0.001	0.084	0.180	11.680
490	0.004	0.016	0.000	0.017	0.000	13.170
520	0.051	0.046	0.023	0.072	0.550	14.470
580	0.008	0.133	0.077	0.154	0.730	10.650
610	0.183	0.029	0.015	0.186	1.850	14.180
640	0.094	0.023	0.013	0.098	0.000	11.440

从表中所列信息可以看出，直流光和脉冲光的色差在占空比较小时依然远小于1，这意味着被试者无法分辨出二者之间的颜色差异。即便研究范围拓展至整个可见光波段范围，使用滤色片依然能够很好地消除脉冲光光谱偏移带来的影响。

（2）DC-PL实验结果

经实验测量及计算，本实验共得到了18名被试者在7个光谱波长及8种占空比条件下的视亮度增益系数，具体的数据汇总见表3-9。表中增加了占空比为100％，实际上就是直流光下的亮度增益系数，很显然，就是1.0。

表3-9　实测各个波长、占空比下的亮度增益系数

波长/nm	占空比/％								
	1	2	5	10	20	30	50	70	100
430	1.755	1.716	1.568	1.462	1.358	1.286	1.184	1.108	1.000
460	1.000	0.992	0.989	0.978	0.990	0.973	0.964	0.956	1.000
490	1.350	1.324	1.319	1.262	1.213	1.164	1.097	1.042	1.000
520	1.100	1.082	1.073	1.004	0.964	0.962	0.992	0.960	1.000
580	1.143	1.124	1.108	1.112	1.103	1.101	1.022	0.983	1.000
610	1.169	1.171	1.139	1.144	1.117	1.103	1.079	1.027	1.000
640	1.200	1.213	1.173	1.147	1.113	1.124	1.084	1.031	1.000

将各个波长、占空比下的亮度增益系数画成图3-29，纵坐标代表视亮度增益系数，横坐标表示占空比。分析图中数据可以发现，从整体上看3.2节的结论依然成立，即不同波长的视亮度增强效果存在明显差异且占空比减小时视亮度增强效果呈现增加的趋势。具体来看，波长为430nm时，脉冲光的视亮度增强效果最高，当占空比小于5％时视亮度增益系数甚至超过了1.7。其余光谱在占空比小于10％时的视亮度增益系数位于1与1.35之间，且随着占空比的减小近似呈现出上升的趋势。

但是波长为460nm时却并未呈现出任何亮度增强效果。在进行460nm实验时，有三名被试者提出当他们仔细对比直流光和脉冲光的亮度时，发现二者的颜色会有细微的差别。被试者观察的光线都是经过滤色片后得到的单色光，直流光和脉冲光的光谱功率分布理论上应该完全相同，除非滤色片有明显的瑕疵。经过光谱仪的测量，直流光和脉冲光的光谱功率分布几乎完全

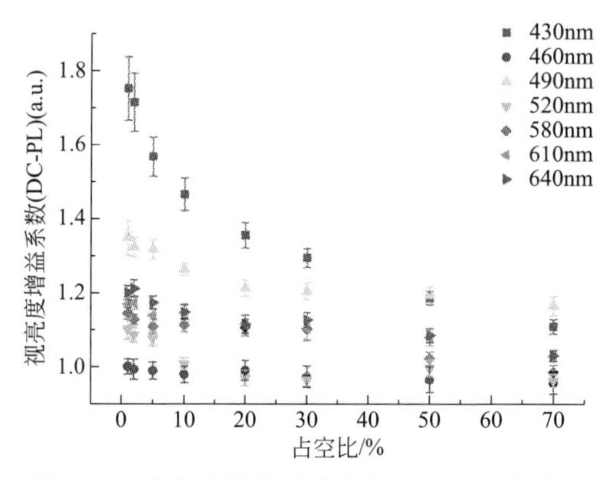

图 3-29　视亮度增益系数和占空比之间的关系

相同，如图 3-23 所示。显然不是光谱不同导致的颜色差异，而应该是人眼内的某种非线性响应过程。近年来的研究表明 ipRGCs 参与了人眼的亮度感知，而且它的光谱灵敏度峰值出现在 470nm 附近[17~19]。更重要的是，ipRGCs 对频率的响应明显慢于锥状细胞[20,21]，因此它们对脉冲光的响应也会有一定的迟滞。因此，我们推测 460nm 处的实验结果可能与 ipRGCs 的作用有关。后续将设计进一步实验，研究短波时的脉冲视亮度增强效应，并在第 4 章节中统一分析实验结果。

3.5　对短波段脉冲光视亮度感知的实验探究

仔细分析 3.4 节的实验结果，我们注意到一个很有意思的现象：

① 460nm 的光，在全部实验的占空比参数下几乎都没有亮度增强效应，也就是 k_{en} 接近于 1.0；

② 在 430nm 波长，k_{en} 随占空比变小而变大，在 1% 占空比时达到 1.7 以上；

③ 在波长 490nm，k_{en} 随占空比变小而变大，在 1% 占空比时达到 1.3 以上。

这是一个很有意思的现象。且由于考虑到人眼视觉第三种感光细胞 ipRGCs 在 460nm 附近有峰值响应。我们怀疑是否是 ipRGCs 的交互影响对脉冲光增强效应有一定的影响作用。因此，我们决定进一步研究短波段脉冲光的增强效应。

3.5.1 实验参数与环境

本实验选取单色脉冲光的波长与占空比作为研究参变量[22]。实验中的光参数设置和取值如表 3-10 所示。

除变量外，光频率在实验中恒定设为 100Hz。该频率高于人眼视觉临界融合频率，且根据课题组先前预实验数据，光频率的差别（100Hz、300Hz 与 1000Hz）对于脉冲光视亮度增强效应的影响不大，因此在本实验中暂不作为自变量出现。此外，由于白光脉冲模组控制芯片的电压要求，实验中光源模组电压设定为 48V 不变，因此脉冲白光的峰值强度也为固定值，但经滤色后的实际脉冲峰值强度将依据滤色片的中心透过率而定。

表 3-10　实验中的光参数设置和取值

参数		取值
自变量	峰值波长/nm	430、445、460、475
	占空比/%	70、50、20、10、5、2、1
恒定量	频率/Hz	100
	驱动电压/V	48

实验于暗室中进行。暗室门窗皆以黑色厚窗帘遮挡，隔绝外界自然光的干扰。灯箱表面光孔直径约 5cm；同时测得被试者端坐时，其眼部与光孔表面距离约为 1.9m（保持为固定值）。因此可计算得被试者观测角度约为 1.43°（小于明视觉光谱光视函数的 2°视场角）。如图 3-30 所示为该实验环境之示意图。正式实验中，被试者的头部均以眼科检察支架固定，该支架位于光侧光孔的正前方，以此可保证每次实验的观测位置与角度的可重复性。

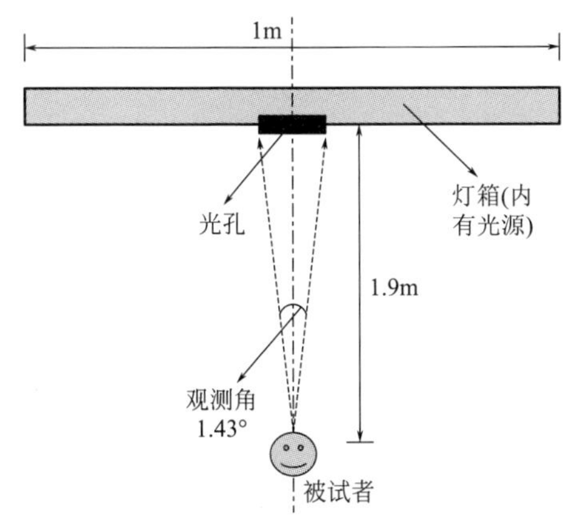

图 3-30　实验环境示意图（俯视图）

3.5.2 实验方法与流程

本实验依然在暗环境中进行视亮度匹配实验。在正式实验开始前被试者有 20min 的时间来适应整个背景环境。在被试者完成视亮度匹配后，使用光电探头来测量此时圆形视场内直流光和脉冲光的物理强度，每次测量保存 500 个脉冲周期的数据。具体的实验方法与流程参见 3.2.2。

3.5.3 实验结果

由 3.1.3 可知，在实验中为了得到与一定波长与占空比参数下的脉冲光视亮度相一致的稳态光客观物理强度，采用“视亮度匹配区间端点测量法”。具体而言，实验者先将稳态光的亮度调节至明显低于此时参考脉冲光视亮度，然后由被试者逐渐调亮稳态光，直至被试者开始认为稳态光与脉冲光视亮度变得相等，此即“视亮度匹配区间的低值端点”。然后实验者再将稳态光的亮度调节至明显高于此时参考脉冲光视亮度，再由被试者逐渐调暗稳态光，直至被试者开始认为稳态光与脉冲光视亮度变得相等，此即“视亮度匹配区间的高值端点”。

经数据处理后，最终得到的脉冲光视亮度增益系数为一无量纲值，用以定量表征人眼对一定波长与占空比下单色脉冲光的主观亮度感知偏离于其客观亮度的程度。其内在逻辑为：所有数据均测试于“视亮度匹配”状态，即被试者判断稳态光与脉冲光有着相一致的视觉感知亮度。然而，若此时经客观测量及计算得到的脉冲光波形平均强度低于/高于稳态光相应所测得的客观物理强度，即可说明稳态光的客观物理强度需要一定程度高于/低于脉冲光的客观物理强度时，才可产生与后者相同的人眼视觉感知刺激。因此可推断，是“脉冲”这一驱动形式作用于人体内在视觉机制，使得光强的主观视觉感知量偏离于客观物理量，进而产生一定的视亮度增强/减弱效应，此即对应于视亮度增益系数 k_{en} 值异于 1。具体而言，当其值大于 1 时，对应脉冲光视亮度增强效应；小于 1 时，对应脉冲光视亮度减弱效应；等于 1 时，无脉冲光视亮度增强/减弱效应（后二者亟待进一步关注基础数据之统计学分析结果）。此外，k_{en} 与 1 的比值越大，即代表视亮度增强效应越强。

本实验所得的数据总结于表 3-11 。

表 3-11　不同波长 λ 与占空比 D 下的脉冲光视亮度增益系数

D/%	k_{en}（亮度变化）			
	430nm	445nm	460nm	475nm
1	1.820	1.215	1.000	0.780
2	1.662	1.149	0.951	0.793
5	1.618	1.082	0.949	0.822
10	1.501	1.072	0.963	0.858
20	1.316	1.039	1.006	0.908
30	1.287	1.019	0.973	0.943
50	1.149	1.001	0.988	0.965
70	1.072	0.985	0.993	1.010
100	1.000	1.000	1.000	1.000

本次实验，波长取 430nm、445nm、460nm、475nm，其中 430nm、460nm 与 3.4 节的实验重复，这是实验的有意安排，目的也是为了验证实验的可靠性。重复的两次 430nm 与 460nm 的数据见表 3-12。

表 3-12　两次 430nm 与 460nm 的数据重复性验证

占空比/%		1	2	5	10	20	30	50	70	100
实验者 1	430	1.820	1.662	1.618	1.501	1.316	1.286	1.149	1.072	1.000
实验者 2		1.755	1.716	1.568	1.462	1.358	1.286	1.184	1.108	1.000
差值/%		3.6	−3.2	3.1	2.6	−3.2	0.0	−3.1	−3.4	0.0
实验者 1	460	1.000	0.951	0.949	0.963	1.006	0.973	0.988	0.993	1.000
实验者 2		1.000	0.992	0.989	0.978	0.990	0.973	0.964	0.956	1.000
差值/%		0.0	−4.3	−4.3	−1.6	1.6	0.0	2.4	3.7	0.0

由表 3-12 中可见，两次试验的重复性优于 5%。因此，也侧面验证了试验结果的可靠性。

将表 3-11 的结果做成图 3-31，横坐标代表脉冲光占空比 D，纵坐标代表所计算得的视亮度增益系数 k_{en}，不同标签点的数据系列则代表了不同波长单色脉冲光的实验结果。

图 3-31 可以看出，亮度增益系数规律很明显。我们将在后文，结合 3.4 的试验，统一讨论试验结果，并建立数学模型。

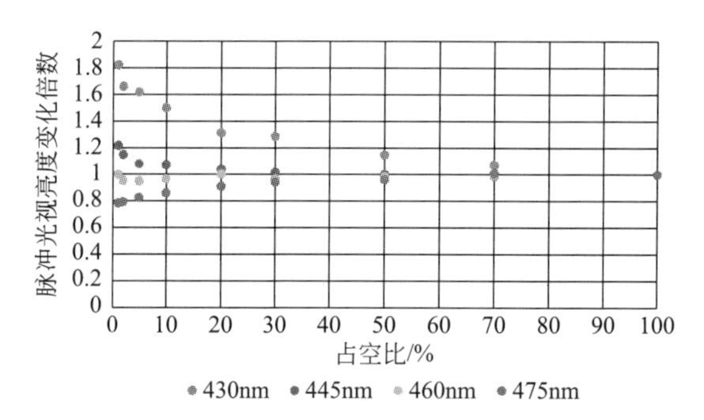

图 3-31 不同波长与占空比调制下的脉冲光视亮度增益系数

3.6 本章小结

本章综述了四项与脉冲光视觉感知效应相关的视觉实验。

首先，本章在使用滤色片得到 550nm 的绿光以及 640nm 的红光后，测量得到了直流光和脉冲光的物理强度之比值，即视亮度增益系数。结果表明，红光在占空比小于70%时视亮度增益系数大于1.05，呈现出视亮度增强效果；而绿光的视亮度增益系数除占空比小于20%时大于1.05以外，其余各个占空比时的增益系数均位于1.0～1.05，视亮度增强的效果并不明显。

其次，本实验在红、绿两种单色光实验的基础上，对脉冲光视亮度的相加性进行了探究。利用单色光的实验结果进行理论计算，再将理论计算的结果与混合光的实验结果进行对比，以二者之间的差值来量化相加性的偏离程度。最后的结果表明脉冲光并不存在相加性失效的情况，人眼中针对脉冲波形的非线性响应过程并不会影响脉冲光视亮度的线性叠加。

在此基础上，本章在使用滤色片得到 430nm、460nm、490nm、520nm、580nm、610nm、640nm 的单色光后，测量得到了每种单色光在 7 种占空比条件下的脉冲光视亮度增益系数。结果表明，除了 460nm 以外，其余单色光均呈现出明显的视亮度增强效应，且整体上占空比越小视亮度增强效应越明显。脉冲光视亮度增强效应与占空比关联规律很明显。

随后，针对 460nm 出现的没有视觉增强效应的问题，增加了短波段的多个波长试验，包括 430nm、445nm、460nm、475nm，得到了更为全面的实验数据。为下一章全面分析并建立数学模型打下了基础。

参考文献

[1] Xin G, Gao W X, Shen H P, Liu MQ. Pulse modulation effect of light-emitting diodes onhuman perception enhancement [J]. Optical Engineering, 2012, 51 (7): 073608.

[2] 李江全，任玲，廖结安，温宝琴. LabVIEW虚拟仪器 [M]. 北京：电子工业出版社，2013.

[3] Ohno Y, Couzin D. Modified Allard Method for effective intensity of flashing lights [A]. In: CIE Symposium on Temporal and Spatial Aspects of Light and Coulour Perception and Measurement, Expert Symposium [C]. Veszprem: Commission Internationale de I′ eclairage, 2002, 2: 23-28.

[4] 樊升龙，脉冲光对人眼视觉亮度感知影响的研究 [D]. 上海：复旦大学，2016.

[5] Manninen P, Orrevetelainen P. On spectral and thermal behaviors of AlGaInP light-emitting diodes under pulse-width modulation [J]. Applied Physics Letters, 2007, 91 (18): 2937.

[6] Loo K H, Lai Y M, Tan S C, et al. On the Color Stability of Phosphor-Converted White LEDs Under DC, PWM, and Bilevel Drive [J]. IEEE Transactions on Power Electronics Pe, 2012, 27 (2): 974-984.

[7] Motomura H, Ikeda Y, et al. Evaluation of visual perception enhancement effect by pulsed operation of LEDs [A]. In: Proceedings of 14th International Symposium on the Science and Technology of Light [C]. Como, Italy: LS, 2014.

[8] Jinno M, Morita K, et al. Effective illuminance improvement of a light source by using pulse modulation and its psychophysical effect on the human eye [J]. Journal of Light & Vision Environment, 2008, 32 (2): 161-169.

[9] Fryc I, et al. Experiment on visual perception of pulsed LED lighting-can it save energy for lighting. In: Proceedings of CIE 2010 Lighting Quality and Energy Efficiency 2010 [C]. Vienna: CIE, 2010.

[10] Jinno M, et al. Beyond the physical limit: energy saving lighting and illumination by using repetitive intense and fast pulsed light sources and the effect on human eyes [J]. Light Visual Environ, 2008, 32 (2): 170-176.

[11] Kukačka L, et al. Broca-Sulzer effect detection over critical fusion frequency for pulse operated white LEDs with varied pulse shape. In: Proceedings of 15th International Symposium on the Science and Technology of Light [C]. Kyoto, Japan: LS, 2016.

[12] Lassfolk C, et al. Brightness enhancement by pulsed operation of LEDs. In: Proceedings of 15th International Symposium on the Science and Technology of Light [C]. Kyoto, Japan: LS, 2016.

[13] Smet K, Ryckaert W R, et al. Color appearance rating of familiar real objects [J]. Color Research & Application, 2011, 36 (3): 192-200.

[14] Sharpe L T, Stockman A, Jagla W, Jagle H. A luminous efficiency function, V^* (lambda), for day light adaptation [J]. Journal of Vision, 2005, 5 (11): 948-968.

[15] Ikeda M, Nakano Y. Spectral Luminous-Efficiency Functions Obtained by Direct Heterochromatic Brightness Matching for Point Sources and for 2-Degrees and 10-Degrees Fields [J]. Journal of the Optical Society of America a-Optics Image Science and Vision, 1986, 3 (12): 2105-2108.

[16] 胡威捷，汤顺青，朱正芳. 现代颜色技术原理及应用 [M]. 北京：北京理工大学出版社，2007.

[17] Brainard G C, Hanifin J P, Greeson J M, Byrne B, Glickman G, Gerner E, et al. Action spectrum for melatonin regulation in humans: Evidence for a novel circadian photoreceptor [J]. Journal of Neuroscience, 2001, 21 (16): 6405-6412.

[18] Thapan K, Arendt J, Sken D J. An action spectrum for melatonin suppression: evidence for a novel non-rod, non-cone photoreceptor system in humans [J]. Journal of Physiology-London, 2001, 535 (1): 261-267.

[19] Dacey D M, Liao H W, Peterson B B, Robinson F R, Smith V C, Pokorny J, et al. Melanopsin-expressing ganglion cells in primate retina signal colour and irradiance and project to the LGN [J]. Nature, 2005, 433 (7027): 749-754.

[20] Fox M A, Guido W. Shedding Light on Class-Specific Wiring: Development of Intrinsically Photosensitive Retinal Ganglion Cell Circuitry [J]. Molecular Neurobiology, 2011, 44 (3): 321-329.

[21] Do M T H, Yau K W. Adaptation to steady light by intrinsically photosensitive retinal ganglion cells [J]. Proceedings of the National Academy of Sciences of the United States of America, 2013, 110 (18): 7470-7475.

[22] Ikeda K, Nakayama M. Effective intensity of coloured monochromatic flashing light [J]. Journal of Light & Visual Environment, 2006, 30 (3): 156-169.

第4章

脉冲光视亮度增强效应的分析

第 3 章中，我们对多个波长的脉冲光光视觉增强效应进行了实验。总共进行了四批实验，分别验证脉冲光视觉增强效应，脉冲光的相加性，不同波长的脉冲光的视觉增强效应以及短波长的脉冲光视觉增强效应，得出了相关的实验数据。其中第一部分的实验可以看作是整体实验的预实验，其结果在 3.2.3 中已有分析，并初步判断脉冲光具有视觉增强效应。随后的相加性实验证实脉冲光的视觉亮度是线性相加的，这使得随后的各种实验以及本书后续的分析中可以把脉冲光的视觉亮度当作线性空间，而可以随意加减。本章将针对第 3 章的后两个实验，即多波长实验及短波段的实验，这两部分的实验结果进行分析讨论，并基于此建立脉冲光视觉亮度的数学模型。

4.1 基于脉冲光视亮度效应的实验结果总结与初步分析

本节将对第 3 章两批分波长进行的实验结果进行整理，并基于此进行初步定量与定性分析。为下一节建立数学模型打下基础。

4.1.1 实验结果总结

第 3 章中，后面两批实验分别进行了 7 个波长与 4 个波长的试验，其中两次试验中 430nm 与 460nm 波长重复。因此，总共进行了 9 个波长的试验，包括 430nm、445nm、460nm、475nm、490nm、520nm、580nm、610nm 及 640nm。每个波长进行了 9 个占空比的实验，包括 1%、2%、5%、10%、20%、30%、50%、70%及 100%（实际上只进行了 1%～70%的 9 个占空比试验，但 31.4 进行了系统的可靠性验证，也就是验证两边都是 DC 光的情况，而 DC 就相当于占空比为 100%的 PL 光）。将全部实验结果总结（其中 430nm 与 460nm 两次差别<5%，采用第一次的结果），见表 4-1。

表 4-1 各波长与占空比下脉冲光增益系数

波长/nm	占空比/%								
	1	2	5	10	20	30	50	70	100
430	1.755	1.716	1.568	1.462	1.358	1.286	1.184	1.108	1.000
445	1.215	1.149	1.082	1.072	1.039	1.021	1.001	0.985	1.000
460	1.000	0.992	0.989	0.978	0.990	0.973	0.964	0.956	1.000
475	0.780	0.793	0.822	0.858	0.908	0.941	0.965	1.010	1.000

续表

波长/nm	占空比/%								
	1	2	5	10	20	30	50	70	100
490	1.350	1.324	1.319	1.262	1.213	1.164	1.097	1.042	1.000
520	1.100	1.082	1.073	1.004	0.964	0.962	0.992	0.960	1.000
580	1.143	1.124	1.108	1.112	1.103	1.101	1.022	0.983	1.000
610	1.169	1.171	1.139	1.144	1.117	1.103	1.079	1.027	1.000
640	1.200	1.213	1.173	1.147	1.113	1.124	1.084	1.031	1.000

将以上实验结果画成图 4-1，便于查看结果趋势。

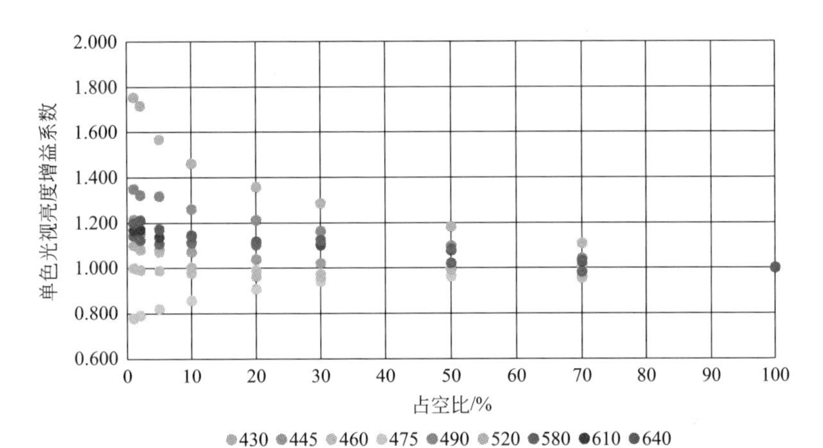

图 4-1　各个波长、占空比下视亮度实验结果总结

4.1.2　实验结果定性分析

因此，基于上述原始数据与统计分析，可总结得如下初步结论：

① 脉冲光视亮度与同等光辐射强度下的直流光的视亮度是可能不相等的，有增强效应，也有减弱效应；即同等辐射强度的脉冲光视亮度可能高于也可能低于直流光的视亮度；并不总是“脉冲光视亮度增强”！

② 波长大于 490nm 的各个波长的脉冲光，均显现视亮度增强效应，增益系数与占空比有关，占空比越小，增益系数越大，数据在 1～1.3（在 520nm 处数据大于 0.96，接近 1）；可表明，人眼对这些波长的脉冲光的视亮度高于同等辐射强度的直流光的视亮度。

③ 430nm 与 445nm 脉冲光在不同占空比调制下均呈现出一定程度的视

亮度增强效应，表现为视亮度增益系数高于1。可表明，人眼对这些波长的脉冲光的视亮度高于同等辐射强度的直流光的视亮度。

④ 475nm脉冲光在低占空比下有一定的视亮度减弱效应，表现为视亮度增益系数仅在70%与50%占空比组下与1接近，而20%至1%的低占空比下其值明显低于1。可表明，人眼对这些波长的脉冲光的视亮度低于同等辐射强度的直流光的视亮度。

⑤ 460nm脉冲光不产生视亮度增强/减弱效应，表现为视亮度增益系数接近1，且在附近波动。可表明，人眼对这些波长的脉冲光的视亮度近似等于同等辐射强度的直流光的视亮度。

⑥ 430nm、445nm、490nm、520nm、580nm、610nm、640nm脉冲光的视亮度增强效应均随占空比的减小而增强，而475nm脉冲光的视亮度减弱效应也同样随占空比的减小而增强。可表明，脉冲光在低占空比调制下，人眼对这些波长的脉冲光的视亮度不同于同等辐射强度的直流光的视亮度。

⑦ 430nm脉冲光的视亮度增强效应整体而言强于所有其他波长的脉冲光。在最小占空比组1%处，430nm脉冲光视亮度增益系数为1.755，即有接近1.8倍的感知亮度增强；其他波长的增益系数约有1.1～1.3。

⑧ 当脉冲光波长从430nm增大至490nm，相应可发现脉冲光的视觉感知经历从大幅的视亮度增强、小幅的视亮度增强、无视亮度增强，到一定的视亮度减弱，再到视亮度增强的变化过程。

从这些现象可以看出，脉冲光的增强效应与占空比有关，且不同的波长表现不一样。随后的详细分析将会讨论这个。

4.1.3 实验结果初步定量分析

根据对图4-1中实验数据的观察，可发现除460nm脉冲光统计学意义上不具有视亮度增强/减弱效应外，波长475nm脉冲光存在视亮度减弱效应，其他波长存在视亮度增强效应，而且这些效应数学上它们都与占空比呈现出一定的对数函数形态。其具体表现为：随着占空比的减小，脉冲光之主观视觉感知量开始偏离客观物理值（相应计算得的视亮度增益系数 k_{en} 开始偏离1），且偏离速率加快（由数据点粗略拟合得的曲线斜率增大）；反之随着占空比的增大，脉冲光之主观视觉感知量开始趋近客观物理值，最终与后者相等。因此可推断脉冲光的主观视觉感知与占空比之间的映射关系较为符合对数函数形态。另外，指数型模型经常用来描述人眼的视觉特性[1~3]，而对数函数作为指数函数的反函数。因此本书也采用对数模型来描述视亮度增益系数和占空比之间的关系。下面对每一个波长进行视亮度增益系数与占空比进行数学拟合。

如式(4-1)，我们用对数函数表征某一波长下亮度增益系数与占空比的关系：

$$k_{en}(D_r)=k_0+k_1\ln(D_r) \tag{4-1}$$

式中，$k_{en}(D_r)$为视亮度变化的倍数（增强或减弱）；D_r 为脉冲光占空比；k_0、k_1 为拟合参数，用以表征光感受器在光能-化学能转换过程中的弛豫效应模态。

用式(4-1) 对以上实验结果的 9 个波长下的 9 个占空比分别进行优化计算，可获得最佳拟合。各波长的 k_{en}与 D_r 的优化拟合结果见表 4-2～表 4-10。

表 4-2　430nm 的优化对数拟合结果

D_r/%	1	2	5	10	20	30	50	70	100
$k_{en}(D_r)$	1.755	1.716	1.568	1.462	1.358	1.286	1.184	1.108	1.000
$k_{en}(D_r)$-拟合	1.810	1.699	1.552	1.442	1.331	1.266	1.184	1.130	1.073
误差/%	−3.13	0.99	0.99	1.40	2.01	1.57	−0.01	−2.01	−7.32

表 4-3　445nm 的优化对数拟合结果

D_r/%	1	2	5	10	20	30	50	70	100
$k_{en}(D_r)$	1.215	1.149	1.082	1.072	1.039	1.021	1.001	0.985	1
$k_{en}(D_r)$-拟合	1.185	1.153	1.110	1.078	1.046	1.027	1.004	0.988	0.972
误差/%	2.48	−0.38	−2.62	−0.60	−0.68	−0.63	−0.33	−0.31	2.83

表 4-4　460nm 的优化对数拟合结果

D_r/%	1	2	5	10	20	30	50	70	100
$k_{en}(D_r)$	1	0.992	0.989	0.978	0.99	0.973	0.964	0.956	1
$k_{en}(D_r)$-拟合	0.996	0.992	0.988	0.984	0.981	0.979	0.976	0.974	0.973
误差/%	0.40	−0.05	0.12	−0.64	0.94	−0.58	−1.25	−1.92	2.75

表 4-5　475nm 的优化对数拟合结果

D_r/%	1	2	5	10	20	30	50	70	100
$k_{en}(D_r)$	0.78	0.793	0.822	0.858	0.908	0.941	0.965	1.01	1
$k_{en}(D_r)$-拟合	0.765	0.804	0.855	0.894	0.933	0.955	0.984	1.003	1.023
误差/%	1.92	−1.43	−4.08	−4.18	−2.74	−1.56	−2.03	0.65	−2.29

表 4-6 490nm 的优化对数拟合结果

D_r/%	1	2	5	10	20	30	50	70	100
$k_{en}(D_r)$	1.35	1.324	1.319	1.262	1.213	1.164	1.097	1.042	1
$k_{en}(D_r)$-拟合	1.370	1.321	1.257	1.209	1.160	1.132	1.096	1.073	1.048
误差/%	−1.48	0.19	4.67	4.21	4.34	2.76	0.08	−2.94	−4.76

表 4-7 520nm 的优化对数拟合结果

D_r/%	1	2	5	10	20	30	50	70	100
$k_{en}(D_r)$	1.1	1.082	1.073	1.004	0.964	0.962	0.992	0.96	1
$k_{en}(D_r)$-拟合	1.094	1.073	1.046	1.025	1.005	0.993	0.977	0.967	0.957
误差/%	0.55	0.81	2.52	−2.12	−4.21	−3.18	1.48	−0.76	4.33

表 4-8 580nm 的优化对数拟合结果

D_r/%	1	2	5	10	20	30	50	70	100
$k_{en}(D_r)$	1.143	1.124	1.108	1.112	1.103	1.101	1.022	0.983	1
$k_{en}(D_r)$-拟合	1.170	1.148	1.119	1.097	1.075	1.063	1.046	1.036	1.024
误差/%	−2.36	−2.14	−1.01	1.33	2.51	3.49	−2.39	−5.37	−2.45

表 4-9 610nm 的优化对数拟合结果

D_r/%	1	2	5	10	20	30	50	70	100
$k_{en}(D_r)$	1.169	1.171	1.139	1.144	1.117	1.103	1.079	1.027	1
$k_{en}(D_r)$-拟合	1.196	1.172	1.141	1.117	1.093	1.079	1.062	1.050	1.038
误差/%	−2.28	−0.08	−0.15	2.36	2.13	2.14	1.58	−2.28	−3.82

表 4-10 640nm 的优化对数拟合结果

D_r/%	1	2	5	10	20	30	50	70	100
$k_{en}(D_r)$	1.2	1.213	1.173	1.147	1.113	1.124	1.084	1.031	1
$k_{en}(D_r)$-拟合	1.233	1.203	1.164	1.135	1.105	1.088	1.067	1.052	1.037
误差/%	−2.73	0.80	0.73	1.05	0.68	3.18	1.61	−2.06	−3.71

从以上的拟合结果可以看出，绝大多数的拟合数与测试数据的差距小于3%，仅仅出现两次大于5%。可以认为，这个拟合是比较符合实际数据的。另外，后文也将分析，这个对数拟合也比较符合生理解释。

4.2　基于脉冲光视亮度增强效应的视觉模型

4.2.1　线性视觉模型

近年来，由于 LED 具有微秒级别的开关时间才使得脉冲光应用于照明领域成为可能。但脉冲光实质上仍然是一种频闪光，因此在建立基于脉冲光视亮度增强效应的视觉模型之前有必要了解关于频闪光的基本视觉模型。

针对频闪光的诸多研究表明，频闪光会影响人眼的视觉感知，包括改变人眼的视亮度及颜色[1,4~7]，这些变化说明人眼中存在着非线性的过程。但是，Talbot[8] 和 Plateau[9] 的研究结果表明，只有在融合频率低于人眼的临界融合频率（CFF）时频闪光才会产生上述影响，即人眼只有在察觉到闪烁的光线时才会受到影响。当频闪光的频率高于 CFF 时，人眼察觉不到任何的闪烁，此时频闪光的平均亮度与相同亮度的直流光相同。大量的研究表明，当频闪光的频率大于 CFF 时，视觉系统的前部阶段依然能够保持快速的频率响应[10,11]。这说明至少在频闪光的融合频率大于 CFF 时，视觉系统的前部阶段为一个线性过程，否则非线性的过程会改变频闪光的波形，Talbot-Plateau 定律就会失效。

图 4-2 为一种简化的视觉系统线性模型，该模型符合 Talbot-Plateau 定律。最上面的方框为输入光刺激，图中为包含两个循环的频闪光。第二个方框将视觉系统的前部阶段抽象为一个线性时间滤波器，频闪光经过它后产生中间信号。由于前端滤波器的透过特性，中间信号的幅值有一定比例的缩放。倒数第二个方框为视觉系统的后部阶段，依然将此阶段抽象为一个线性滤波器，该滤波器可以通过低频信号但对高频信号具有衰减作用。最下面的方框代表输出信号，即观察者的感知信号。当频率大于 CFF 时，原本两个循环的频闪光变成了一个直流信号。

在大部分情况下，Talbot-Plateau 定律都是成立的，上述线性模型也能很好地解释人眼对频闪光的视觉感知特性。但是，在本章的研究过程中，脉冲光在占空比较低时呈现出视亮度增强效应，这意味着脉冲光的视亮度不再等于与其平均亮度相等的直流光的视亮度，即 Talbot-Plateau 定律失效了。上述线性模型无法解释脉冲光的视亮度增强效应，这就需要建立新的视觉模型。

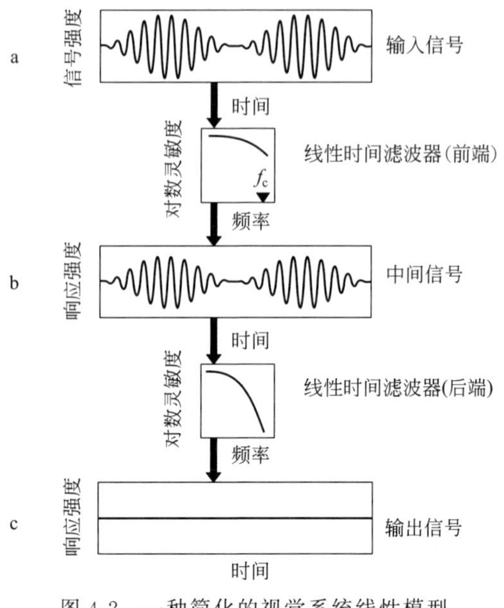

图 4-2 一种简化的视觉系统线性模型

4.2.2 三段式非线性视觉模型的构建

在绝大部分情况下，Talbot-Plateau 定律都是成立的，上述线性模型也可以很好地解释人眼对频闪光的视觉感知现象。但是在本书第 3 章的实验中，即使频闪光的频率高于 CFF，Talbot-Plateau 定律却失效了。根据实验结果，脉冲光视亮度增益系数 k_{en} 随着占空比而变化：①在 460nm 变化很小，基本接近 1.0；②在 475nm 随占空比变小 k_{en} 变小且都小于 1.0；③在试验的其他波长包括 430nm、445nm、490nm、520nm、580nm、610nm、640nm 等，都是占空比变小而 k_{en} 变大，且都大于 1.0。说明人眼对脉冲光的视觉感知存在非线性的过程，且该非线性过程和占空比及波长有关。因此，建立基于脉冲光视亮度增强效应的视觉模型必须将这一非线性过程考虑进去[12]。

脉冲光的占空比可调且波形的上升下降时间很小，但本质上其仍然是一种频闪光。因此，在建立基于脉冲光视亮度增强效应的视觉模型时同样需要考虑人眼对频闪光的其他视觉特性，即新的视觉模型要尽可能和原有的视觉模型兼容。本研究探究的脉冲光均属于不可察觉频闪光，当占空比较大时并未呈现出视亮度增强效应，此时 Talbot-Plateau 定律依然成立；而当占空比较小时，脉冲光呈现出视亮度增强/减弱效应，此时 Talbot-Plateau 定律失效。新的视觉模型需要能够同时解释上述两个现象。

上一小节提到的线性模型能够在符合 Talbot-Plateau 定律的前提下很好地解释人眼对不可察觉频闪光的视觉感知现象，因此新的模型也将借鉴线性模型中两个线性过程的假设：第一个线性过程将光刺激信号等比例地转变为视觉感知信号，第二个线性过程在频率较高时将上级信号转变为直流信号后输出至下一级。建立新模型的关键就转化为如何在线性模型中加入非线性的过程。科学家们在研究视觉系统的非线性特性时，经常将整个视觉过程分为：线性、非线性、线性三个部分[13]，整个结构类似一个“三明治”，如图 4-3所示。

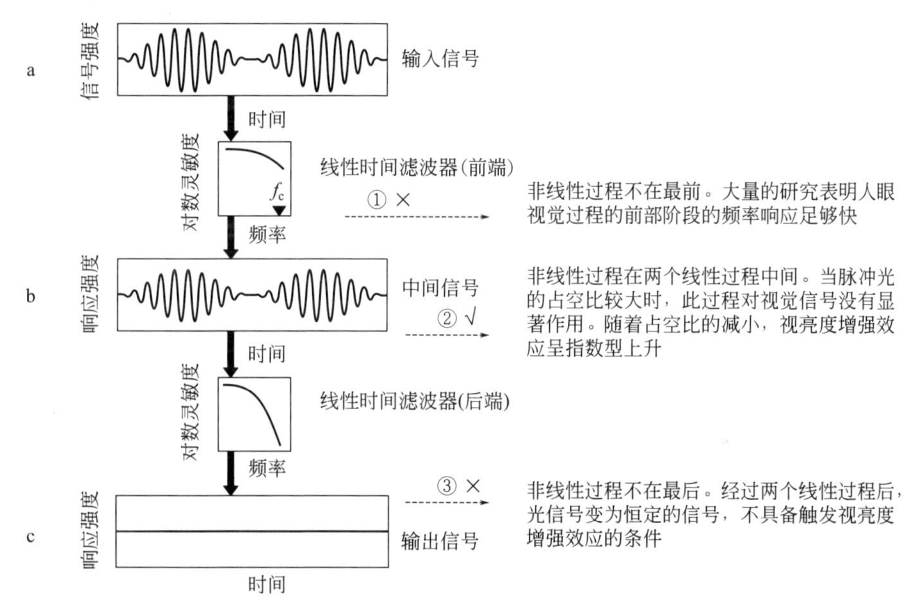

图 4-3　新的视觉模型中非线性过程的位置：夹在两个线性过程中间，形成一个“线性-非线性-线性”的“三明治”结构

本章节所要建立的视觉模型也采用“线性-非线性-线性”的“三明治”结构，构建模型结构的思路与过程如图 4-3 所示。首先，根据大量的研究结果，人眼视觉系统的前部阶段对频闪光的响应非常快，因此新的视觉模型也认为视觉系统的前部阶段为线性过程。其次，若非线性过程在视觉模型的最后阶段，则视觉信号经过两个线性过程后已经变成直流信号，不会引发任何非线性特性。因为根据实验结果，视亮度增强效应和脉冲光的占空比有关，直流信号不会引发非线性过程。综合以上两点，非线性过程应该位于两个线性过程中间，两个线性过程和频率有关，而非线性过程和占空比有关。

基于脉冲光视亮度增强效应的非线性视觉模型如图 4-4 所示。最上面的方框为输入光刺激，图中为包含 4 个循环的脉冲光。第二个方框将视觉系统的前部阶段抽象为一个线性滤波器，线性滤波器的响应强度和频率有关，且随着频率的改变其响应强度的变化并不明显。脉冲输入信号经过前端滤波器后产生一个等比例缩放的中间信号，随后，该信号会通过一个非线性滤波

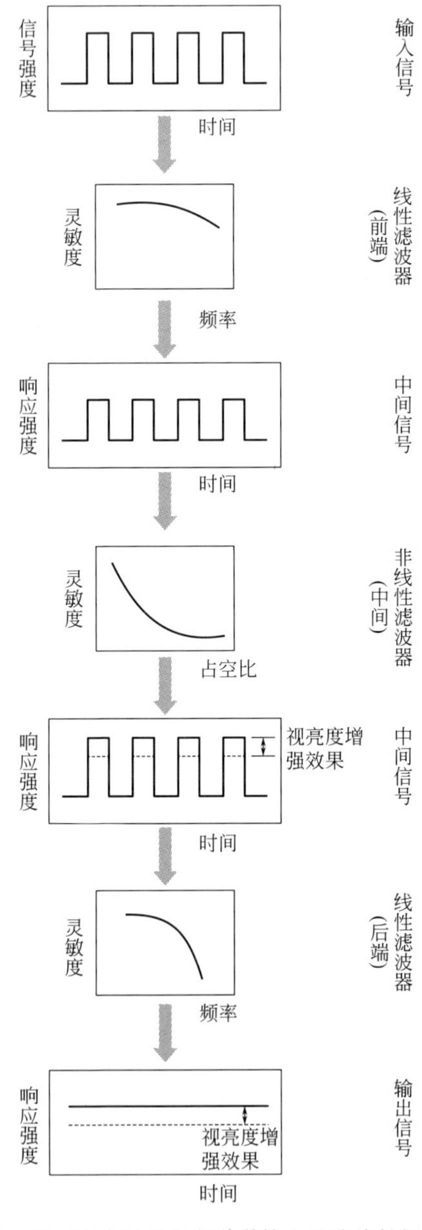

图 4-4 基于脉冲光视亮度增强效应的非线性视觉模型

器。非线性滤波器的响应强度和占空比呈指数型关系，若中间信号的占空比较小，非线性滤波器对信号会有一个等比例的放大作用，如图中实线所示；若中间信号的占空比较大，非线性滤波器对信号无明显响应，中间信号的强度不发生变化，如图中虚线所示。最后，中间信号会通过后端的线性滤波器，该滤波器的响应强度和频率有关，对低频信号响应强度高但对高频信号具有衰减作用。中间信号的频率大于 CFF 时，原本的频闪信号经过后端线性滤波器后转化为直流信号。由于后端滤波器和占空比无关，所以若中间信号经非线性过程放大，则输出信号呈现视亮度增强效应；若中间信号占空比较高，非线性过程未产生明显响应，则输出信号未呈现视亮度增强效应，符合 Talbot-Plateau 定律。

4.3 脉冲光光谱光视效率函数的建立

通过前述章节的实验研究与系统分析，本章 4.1 节得出了脉冲光视亮度增强效应与占空比呈对数关系变化的结论，并在此基础上建立了新的视觉模型，新的视觉模型即符合 Talbot-Plateau 定律，又能解释视亮度增强/减弱效应产生的过程。但是，4.1 节仅仅针对固定光谱下亮度增益系数 k_{en} 与脉冲光占空比 D_r 的关系，且用一个对数线性表达式进行表达，然而每个波长对应的这个表达式中涉及的两个系数 k_0、k_1 是不一样的。所以，4.1 节并未得到完整的脉冲光谱视觉响应曲线。本节将对实验数据进行进一步分析，建立完整的基于脉冲光的光谱视觉响应曲线。

从实验的具体设置可以发现，被试者观察的直流光和脉冲光在视觉感知亮度相等时物理强度却不相同，这表明连接物理量与人眼视觉感知量之间的光谱光视效率函数发生了变化。本节将在第 3 章实验数据的基础上，结合视网膜锥状细胞光谱灵敏度函数，通过理论分析与数学建模，首次建立了一个基于脉冲光视亮度增强效应的光谱光视效率函数。

4.3.1 建立脉冲光光谱光视效率函数的思路

根据 CIE 光度学系统的定义，亮度和辐亮度之间的关系通过人眼的光谱光视效率函数 $V(\lambda)$[14,15] 连接起来，可由公式(4-2) 进行描述：

$$L=K_m\int V(\lambda)L_e(\lambda)\mathrm{d}\lambda \tag{4-2}$$

式中　L——亮度；

K_m——人眼的最大光谱光视效能；

$V(\lambda)$——人眼的光谱光视效率函数；

$L_e(\lambda)$——光谱辐亮度。

第3章我们已经对视亮度增益系数进行了定义，根据式(3-2)～式(3-5)，本实验中得到的视亮度增益系数也可以用公式(4-3)来表示：

$$k_{en}=\frac{\int V_p(\lambda)P(\lambda)d\lambda}{\int V(\lambda)P(\lambda)d\lambda} \tag{4-3}$$

式中　k_{en}——视亮度增益系数；

$V(\lambda)$——CIE 1924光谱光视效率函数；

$V_p(\lambda)$——脉冲光光谱光视效率函数；

$P(\lambda)$——光谱功率分布函数。

通过第3章的介绍，脉冲光和直流光的光谱成分几乎完全相同，所以$V(\lambda)$和$V_p(\lambda)$的不同是导致k_{en}不等于1的主要原因。假设实验测量得到的视亮度增益系数适用于理想的单色光，则脉冲光和直流光的光谱光视效率函数在对应的波长有如下关系，

$$k_{en}=\frac{V_p(\lambda)}{V(\lambda)} \tag{4-4}$$

因此，脉冲光光谱光视效率函数在实验所测的9个波长处的具体数值可以由公式(4-5)求得，

$$V_p(\lambda)=k_{en}V(\lambda) \tag{4-5}$$

因此，建立脉冲光的光谱视觉效率函数，实际上就是获得在不同光谱波长与占空比下的k_{en}，记为$k_{en}(\lambda, D_r)$。

4.3.2　建立脉冲光光谱光视效率函数的过程

本小节将重点介绍利用视网膜锥状细胞的光谱灵敏度曲线建立脉冲光光谱光视效率函数的过程。通过上一小节的介绍可以发现，确定不同占空比条件下的锥状细胞的权重倍数是建立脉冲光光谱光视效率函数的关键。

前文4.1节仅仅针对固定光谱下亮度增益系数k_{en}与脉冲光占空比D_r的关系，且用一个对数线性表达式进行表达，然而每个波长对应的这个表达式中涉及的两个系数k_0、k_1是不一样的，即这两个系数与波长有关。改写式(4-1)如下：

$$k_{en}(\lambda, D_r)=k_0(\lambda)+k_1(\lambda)\ln(D_r) \tag{4-6}$$

式中，$k_{en}(\lambda, D_r)$ 是亮度增益系数；D_r 是脉冲光的占空比；$k_0(\lambda)$、$k_1(\lambda)$ 是两个与 D_r 无关，但与波长相关的系数。将表 4-2～表 4-10 中各个波长的优化对数模拟的系数罗列如表 4-11 所示。

表 4-11　各个波长下的 k_{en} 与 D_r 的优化对数拟合系数

波长/nm	430	445	460	475	490	520	580	610	640
k_1	−0.16	−0.05	−0.01	0.054	−0.06	−0.03	−0.03	−0.03	−0.043
k_0	1.81	1.185	0.996	0.756	1.383	1.094	1.17	1.196	1.2328

将此系数作图 4-5，进行观察：

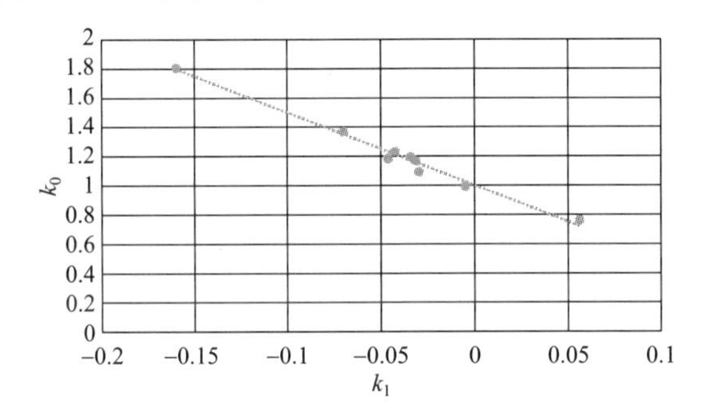

图 4-5　对数优化拟合系数观察

图中可见，k_0、k_1 两个系数与波长的关系图高度相似，可以用一个近似的表达式来表达：

$$k_0(\lambda)=k_1(\lambda)k_{c1}+k_{c0} \tag{4-7}$$

其中，k_{c0}，k_{c1} 是两个与波长及占空比无关的常数。因此式(4-6) 可以写成：

$$k_{en}(\lambda, D_r)=k_{c0}+(k_{c1}+\ln D_r)\ k_1(\lambda) \tag{4-8}$$

考虑到当 $D_r=100\%$ 时，所有波长的 k_{en} 都是 1.0，因此，可以得出 $k_{c0}=1.0$，$k_{c1}=0.0$；这样可以改写式(4-8) 如下：

$$k_{en}(\lambda, D_r)=1+k_1(\lambda)\ln D_r \tag{4-9}$$

式子中，$\ln D_r$ 是一个明确的数值，而 $k_1(\lambda)$ 只跟波长相关，将在后续进一步进行分析。

将式(4-9) 与表 4-1，再一次用 Matlab 进行优化拟合，我们可以获得各个波长下的 $k_1(\lambda)$，见表 4-12。

表 4-12　各个波长下的拟合系数 $k_1(\lambda)$

波长/nm	430	445	460	475	490	520	580	610	640
$k_1(\lambda)$	−0.183	−0.037	0.004	0.053	−0.091	−0.016	−0.037	−0.046	−0.054

按照此 $k_1(\lambda)$，我们重新计算测试数据与拟合的数据的误差，获得如表 4-13所示。

表 4-13　测试数据与拟合数据表

占空比/%	波长/nm	430	445	460	475	490	520	580	610	640
1	实测数据	1.755	1.215	1	0.78	1.35	1.1	1.143	1.169	1.2
	拟合数据	1.834	1.175	0.982	0.761	1.410	1.074	1.180	1.214	1.249
	误差/%	4.47	−3.29	−1.84	−2.50	4.43	−2.39	3.20	3.82	4.06
2	实测数据	1.716	1.149	0.992	0.793	1.324	1.082	1.124	1.171	1.213
	拟合数据	1.708	1.149	0.984	0.797	1.348	1.063	1.153	1.182	1.211
	误差/%	−0.46	0.01	−0.77	0.51	1.83	−1.79	2.54	0.90	−0.14
5	实测数据	1.568	1.082	0.989	0.822	1.319	1.073	1.108	1.139	1.173
	拟合数据	1.542	1.114	0.988	0.844	1.267	1.048	1.117	1.139	1.162
	误差/%	−1.64	2.94	−0.10	2.75	−3.97	−2.34	0.80	0.00	−0.96
10	实测数据	1.462	1.072	0.978	0.858	1.262	1.004	1.112	1.144	1.147
	拟合数据	1.417	1.087	0.991	0.880	1.205	1.037	1.090	1.107	1.124
	误差/%	−3.09	1.46	1.31	2.58	−4.52	3.27	−2.00	−3.25	−1.98
20	实测数据	1.358	1.039	0.990	0.908	1.213	0.964	1.103	1.117	1.113
	拟合数据	1.291	1.061	0.994	0.916	1.143	1.026	1.063	1.075	1.087
	误差/%	−4.91	2.12	0.36	0.93	−5.75	6.41	−3.65	−3.79	−2.34
30	实测数据	1.286	1.021	0.973	0.941	1.164	0.962	1.101	1.103	1.124
	拟合数据	1.218	1.046	0.995	0.937	1.107	1.019	1.047	1.056	1.065
	误差/%	−5.29	2.42	2.28	−0.36	−4.88	5.95	−4.91	−4.27	−5.25
50	实测数据	1.184	1.001	0.964	0.965	1.097	0.992	1.022	1.079	1.084
	拟合数据	1.125	1.026	0.997	0.964	1.062	1.011	1.027	1.032	1.037
	误差/%	−4.94	2.85	3.45	−0.06	−3.22	1.92	0.49	4.34	−4.30
70	实测数据	1.108	0.985	0.956	1.010	1.042	0.960	0.983	1.027	1.031
	拟合数据	1.065	1.014	0.999	0.981	1.032	1.006	1.014	1.017	1.019
	误差/%	−3.92	2.89	4.45	−2.78	−0.98	4.76	3.14	−1.02	−1.14

续表

占空比/%	波长/nm	430	445	460	475	490	520	580	610	640
100	实测数据	1.000	1.000	1.000	1.000	1.000	1.000	1.000	1.000	1.000
	拟合数据	1.000	1.000	1.000	1.000	1.000	1.000	1.000	1.000	1.000
	误差/%	0.00	0.00	0.00	0.00	0.00	0.00	0.00	0.00	0.00

由表 4-13 可见，绝大多数误差值都小于 3%，少数几个略大于 5%。因此，可以认为该拟合有效。

再来观察 $k_1(\lambda)$，将表 4-12 作图得图 4-6。

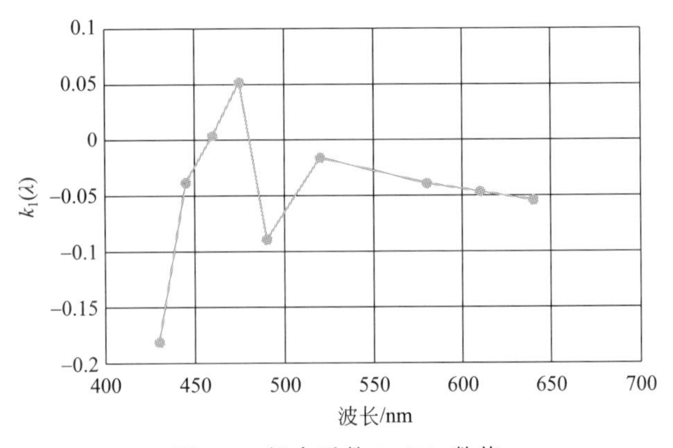

图 4-6　拟合系数 $k_1(\lambda)$ 数值

粗看该图未能显示出什么规律。但是，后文将对此进行讨论。因此，本文将暂定 $k_1(\lambda)$ 是一组数据。而我们的实验仅仅获得 430nm、445nm、460nm、475nm、490nm、520nm、580nm、610nm、640nm 共 9 个波长的数据。

基于式(4-9) 及式(4-5)，可以获得脉冲光下的人眼视见函数方程：

$$V_p(\lambda, D_r) = V(\lambda)[1 + k_1(\lambda)\ln D_r] \tag{4-10}$$

式中，D_r 为脉冲光的占空比；$V(\lambda)$ 为明视觉下的人眼视见函数；$k_1(\lambda)$ 是一组常数。由于实验组数的限制，本书仅仅给出了 9 个波长下的数据。

4.3.3　脉冲光光谱光效率函数的讨论

前面分析脉冲光增强倍数的表达式(4-9)，其中的 $k_1(\lambda)$ 似乎是杂乱而无规律的。但是我们如果从视觉基础的生理层面来讨论，依然能看出一定的规律。

为便于观察，我们画 $k_{en}(\lambda, D_r = 1\%)$，它实际上可以代表视亮度增益的最大情况。如图 4-7 所示。

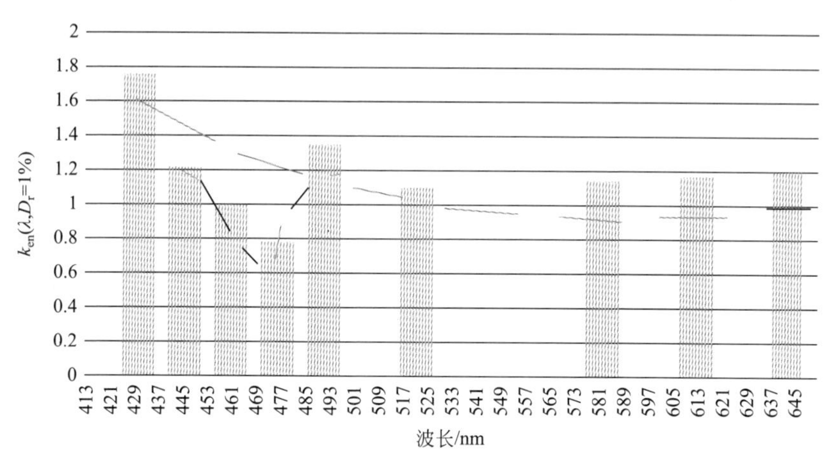

图 4-7　1%占空比时的视觉增益系数观察

仔细观察该图，我们依稀可见，可由两条曲线拼合而成，如图中的黑色虚线与红色虚线。

如第 2 章讨论的，人眼的视网膜上的光感受器主要分可为三类：视锥细胞（cone）、视杆细胞（rod）和本征感光视网膜神经节细胞（ipRGCs）。三者的共同作用构成了人眼视觉的第一级功能。同时，由于人眼中包含三种视网膜锥状细胞，其光谱光视效率函数可以表示成视网膜锥状细胞（即 S-cone，M-cone 和 L-cone）的光谱灵敏度的线性组合[4,5]。总结一句话，即人眼的视觉包括三种视锥细胞及 ipRGCs。其中前三者参与视觉已有定论，而 ipRGCs 传输信号给 SCN（下丘脑视交叉上核），并进而控制人体褪黑色素等的分泌，进而调节的生物时钟规律，这个机理已经为实验室所验证。但是，ipRGCs 是否直接参与人眼视觉，目前还不清楚。

将有关人眼视觉的四种细胞的光谱响应与本书的 $k_{en}(\lambda, D_r=1\%)$ 画在一起进行考察，如图 4-8 所示。

图 4-8 中，可以做如下的推测：

① S-cone 视觉细胞的视觉增大效益要比 M-cone、L-cone 大得多。或许是因为 S-cone 细胞的时间响应慢，因而造成视觉增益变大。

② ipRGCs 参与了视觉过程，并对脉冲视觉增益倍数进行了缩小的效益。这一个假设如果成立，也是 ipRGCs 参与了视觉过程的一个证据。

由于目前我们对 ipRGCs 细胞对视觉的影响尚不是很清楚，且图 4-8 中 ipRGCs 曲线也是根据 Brainard 数据拟合出的光谱光生理效应曲线[16]。由于

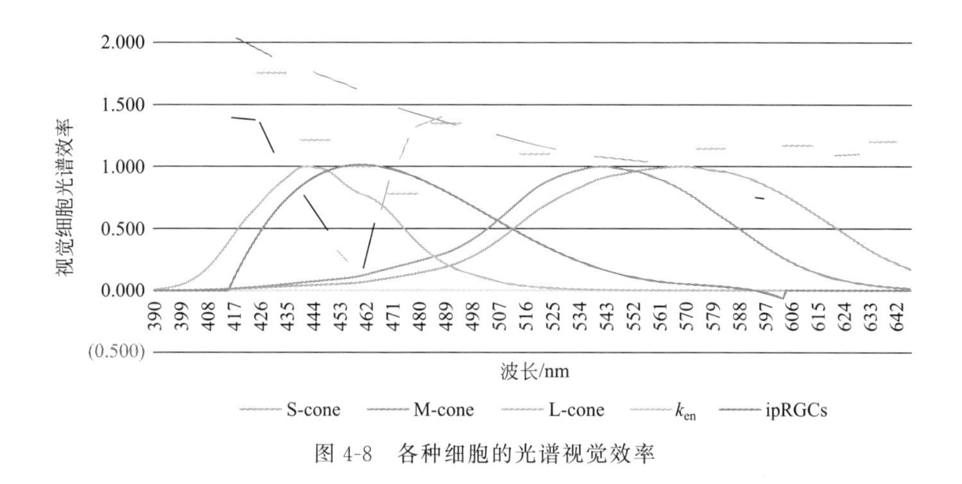

图 4-8　各种细胞的光谱视觉效率

该曲线原始数据仅仅 9 个点，因此，用它拟合整个光谱的全部点的数据是不准确的。正因为如此，我们没法通过 $k_{en}(\lambda)$ 的 9 个点的数据，与 ipRGCs 的数据形成完整的视觉效率的数学表达式。这个期待未来的更全面的实验研究来解决。

4.4　本章小结

本章对第 3 章的几次实验结果，特别是关于波长的两次实验，进行了整理，归纳出脉冲光在从蓝光到红光的可见光波段的脉冲光视觉亮度的增强效应的数据，涉及 430nm、445nm、460nm、475nm、490nm、520nm、580nm、610nm 及 640nm。这些波长包括了对人眼有较强光谱视觉效率的主要波段。因此，具有一定的代表性。通过分析各个波长的增益系数，得出“脉冲光视觉亮度并不总是增强，在蓝光波段出现减弱”的结论。

对数据进行初步分析发现，对同一个波长下，脉冲光增益系数与占空比的关系表达式(4-1)，即脉冲光的增益系数与占空比的对数是线性关系。

随后为进行视觉模型的建立，归纳整理了现有的视觉模型，包括线性视觉模型及三段式非线性视觉模型。根据已经得出的脉冲光增益系数与占空比的对数关系，随后建立了脉冲光的视觉效率的数学表达式(4-11)。本章的最后，对该数学表达式进行了讨论，从其中的系数 $k_1(\lambda)$ 的数据图与 ipRGCs 及 S-cone、M-cone 和 L-cone 的光谱效率图，做出两个推测：①ipRGCs 确实参与了视觉的过程，因而在 ipRGCs 的波段对脉冲光的增益系数进行了调制，因而造成脉冲光增益系数在 460nm 接近于 1.0，而在 475nm 甚至小于 1.0；②S-cone 视觉细胞的视觉增大效益要比 M-cone，L-cone 大得多。或许是因为 S-cone 细胞的时间响应慢，因而造成视觉增益变大。

参考文献

[1] Bartley S H. Brightness enhancement in relation to target intensity [J] . Journal of Psychology , 1951, 32 (1): 57-62.

[2] 姚军财，石俊生，杨卫平，申静，黄小乔 . 人眼对比度敏感视觉特性及模型研究 [J] . 光学技术，2009，35 (3)：334-337.

[3] 周燕，金伟其 . 人眼视觉的传递特性及模型 [J] . 光学技术，2002，28 (1)：57-62.

[4] Ball R J, Bartley S H. Changes in Brightness Index Saturation and Hue Produced by Luminance-Wavelength-Temporal Interactions [J] . Journal of the Optical Society of America, 1966, 56 (5): 695-699.

[5] Bartley S H. Brightness comparisons when one eye is stimulated intermittently and the other steadily [J] . Journal of Psychology, 1952, 34 (2): 165-167.

[6] Bartley S H. Some effects of intermittent photic stimulation [J] . Journal of Experimental Psychology, 1939, 25 (5): 462-480.

[7] Bartley S H, Nelson T M. Certain chromatic and brightness changes associated with rate of intermittency of photic stimulation [J] . Journal of Psychology, 1960, 50 (2): 323-332.

[8] Talbot H F. Experiments on light [J] . Philosophical Magazine Series 3, 1834, 5 (29): 321-334.

[9] Plateau J. Sur un principle de photometrie [J] . Bulletins de l' Académie Royale des Sciences et Belles-lettres de Bruxelles, 1835, 2: 52-59.

[10] Brindley G S. Beats produced by simultaneous stimulation of human eye with intermittent light and intermittent or alternating electric current [J] . Journal of Physiology-London, 1962, 164 (1): 157-167.

[11] Stockman A, MacLeod D I A, Lebrun S. Faster than the eye can see: blue cones respond to rapid flicker [J] . Journal of the Optical Society of America A, 1993, 10 (6): 1396-1402.

[12] 琚新刚，勾占锋，孙华，等 . LED 亮度调节中的人眼感受非线性校正 [J] . 郑州大学学报（工学版），2012，33 (5)：138-140.

[13] Spekreijse H, Reits D. Sequential analysis of the visual evoked potential system in man; nonlinear analysis of a sandwich system [J] . Annals of the New York Academy of Sciences, 1982, 388 (6): 72-97.

［14］ Sharpe L T，Stockman A，Jagla W，Jagle H. A luminous efficiency function，V^*（lambda），for daylight adaptation：a correction［J］. Color Research & Application，2011，36（1）：948-968.

［15］ 朴大植．关于光谱光效率函数 $V(\lambda)$ 的发展趋势［J］．光源与照明，2000，7（1）：41-42.

［16］ Brainard G C，Hanifin J P，Greeson J M，Byrne B，Glickman G，Gerner E，et al. Action spectrum for melatonin regulation in humans：Evidence for a novel circadian photoreceptor［J］. Journal of Neuroscience，2001，21（16）：6405-6412.

第5章

脉冲光生理效应的实验研究与机理分析

如上文所述，随着照明学科的不断发展，对于照明的生理效应的研究近年来备受关注。上一章中，通过实验研究发现的脉冲光对于人眼存在视觉感知亮度提升效应。这种亮度的提升效应是否能够广泛应用于日常照明场合，是否会对人体造成一定的影响，同样是一个非常值得研究的课题。而目前照明领域对于脉冲等非稳态光的生理效应研究比较匮乏，因此本章着重研究脉冲光对于人的生理效应的影响，对于研究脉冲等非稳态光对生理效应的影响具有很强的参考价值，同时对于实际照明应用也具有一定的指导意义——尽管这已经超出了光度学的范畴，但其实是脉冲光实际应用中必须面对的一个课题。

本章通过实验测试与理论分析相结合的手段研究脉冲光对于人的各类生理指标的影响。通过搭建实验平台模拟脉冲光照明应用场合，选取适当的测试参数来衡量人体的视觉舒适性（visual comfort）、视觉效能（visual performance）等指标，再通过与直流光照射情况下进行对比，得出脉冲光与直流光在生理效应上是否存在差异性。共计进行了 124 组实测实验，累计实验时长约 880h，得到了大量的实验数据。通过分析实验测得的数据，并结合前人的理论研究成果，总结出脉冲光的生理效应及其产生的机理，对前人的感光模型进行完善。最后提出脉冲光照明的推荐应用场合和调制参数，为今后进一步建立完善脉冲光照明应用标准提供依据和参考。

5.1　脉冲光生理效应研究方案分析

本章试图结合照明学、工效学、生物学等多种学科知识，利用人体被试与动物实验等多种实验手段，选择适当的测试参数，来对人的视觉舒适性与视觉效能进行评估，测试在不同光照时长下以及不同的调制参数下，脉冲光与直流光对各类测试指标的不同影响。

5.1.1　脉冲光生理效应研究的分组

对于光的生理效应研究来说，光刺激的时长是一项非常重要的参数。许多照明研究人员在实验中发现光刺激的持续时长对于研究结果存在着显著的影响。例如 Weckström 通过研究苍蝇视网膜感受器的光适应性，发现不同的光刺激持续时长之间存在着显著的差异性[1]。Ashley 在研究人的视网膜电图（ERG）响应时发现，曝光刺激的时间长短对于测试的结果存在明显的影响[2]。Aaltonen V 等通过被试者接受 40min 和 95min 两种时长的光刺激情况下对比被试者的视觉舒适性，发现接受光刺激时间较长时，被试者的视觉舒适性有显著降低[3]。因此在本研究中，脉冲光的刺激时长也被列为一个重要的参数进行研究。根据光刺激的持续时间长短分为三大组实验分别进行研究。参照日常生活中的照明场景，分为短期接受光刺激（如短暂逗留等情况，假定在半小时以内），长期持续接受光刺激（如室内持续办公等情况，假定为半个工作日或大约几个小时）以及超长期接受光刺激（如长期室内生活，假定为半个月）三个时间长度。在三组实验中，根据各自的具体情况，选择不同的脉冲调试参数。具体的频率与占空比的选取将会在每一个实验部分细述。三组光刺激时长设定如表 5-1 所示。

表 5-1　三组光刺激时长参数

组别	光刺激时长
1(短期)	20min
2(长期)	3h
3(超长期)	14×12h

5.1.2　脉冲光生理效应研究的被试选择

本研究的主要目的是研究脉冲光对于人的生理效应的影响，因此选取适当的人类被试者进行实验是十分必要的。为了减少被试者主观因素等造成的误差，同时兼顾性别、年龄等因素的影响，对于被试者的样本数量和多样性具有一定的要求。在第一组和第二组实验中按照对应不同的具体情况，实验中选取了人类作为被试对象。所有被试者具有正常的视觉功能，没有患过眼部疾病，近视者的矫正视力达到 0.8 以上，实验期间身体与精神状况正常。出于实验伦理性的考虑，所有被试者在实验前均被告知了实验流程等不影响实验精确性的信息，了解实验装置等对自身不具有危害性。所有被试者均自愿参与本次实验。

出于实验研究完整性的考虑，实验研究了多组光刺激时长的情况，其中设计的第三组实验中光刺激时长非常长，选取人类被试者在实验操作上存在诸多不便利因素。同时，这样长期的光刺激实验，在实验效应尚不明确的前提下，无法判断对于被试者是否存在健康威胁，这也不符合涉及人类受试者的科学研究的伦理原则——赫尔辛基宣言的精神。因此在第三组实验中，选取动物代替人类作为被试者进行实验研究。在以往的照明相关研究中，大鼠、猴子、兔子等是应用较多的被试物种[4，5]。在衡量了实验室本身的实验条件后，为了在测试平台上尽可能多地增加测试样本含量，选择采用大鼠作为实验被试对象。大鼠的视觉系统结构上与人有着诸多相似之处，它的视网膜厚度、晶状体结构、感光细胞等都与人类非常接近，它的视觉神经系统也与人有着很高的类似度[6~8]。此外它还有着容易饲养、发育周期短、性情温顺、个头小、价格便宜、容易获取等诸多优点，因此被广泛应用于视觉相关的实验研究中。

本实验中被试样本选取了具有实验动物使用许可证和实验动物生产许可证的正规实验动物养殖公司进行采购，均为养殖实验室培养出的无特定病原体级的实验专用大鼠，即 SPF 级实验样品鼠，确保了被试样本的可靠性。选取的大鼠品种为 SD 大鼠，这种大鼠是实验室培育出的品种，被广泛应用于医学等各类实验中。这种大鼠对于刺激的敏感程度高[9]，因此更有利于测试出区别。实验中每个测试组选取了 10 只 SD 大鼠进行测试，以抵消个体偏差导致的误差。

5.1.3　脉冲光生理效应研究的评价指标

本研究针对脉冲光的生理效应关注的方向是对视觉舒适性和视觉效能等的影响。对于视觉舒适性，目前学术界的评价指标并不唯一。如本书第 2 章所述，针对人类被试者的实验研究中应用比较广泛的指标有褪黑素含量，瞳孔收缩尺寸，血压、心率等生理参数变化等。其中，由于 ipRGCs 对褪黑素分泌的影响已经得到了很多实验研究的验证，因此测试褪黑素含量是具有明显因果关系的评价指标。但是光刺激对于褪黑素分泌的影响是有一定的延迟性。而且，要测量褪黑素的含量，需要进行抽血化验检测，测试过程比较复杂，是一种会对被试者产生痛感的实验方式，因而存在一定的伦理风险，特别是在本研究中需要进行大量的对照实验测试。利用瞳孔尺寸收缩来进行实验的话，测试方法相对简单，不会对被试者造成痛感，并且测试的即时性很强。但是瞳孔尺寸变化的影响因素较多，光强变化等传统视觉效应也会对其产生显著的影响，而且瞳孔收缩与人的舒适性等效应的因果关系并不如褪黑素分泌变化那样直接，因此测试结果不能完全界定为生理效应的影响。结合以上分析，为了兼顾实验的可行性和测量的精确性与直接性，本研究采用血压、心率作为参数来进行评价。此外，在实验中还利用了被试者打分评价的方式来测试视觉舒适性的情况，被试者根据从极不舒适（记为0分）至非常舒适（记为10分）在每一组实验照射结束时对实验过程中的舒适情况进行打分评价。

利用大鼠进行视觉研究的动物实验中，前人的研究中用到的评价指标根据具体的实验条件和研究目标的不同，选取的测试手段也各不相同。总结来说可以简单归类成两类，一类是解剖分析，例如，光照射后对大鼠的器官生长、视网膜发育等进行解剖研究[10~12]。这类研究手段的优点在于，通过解剖后研究具体器官的生长发育的影响，研究的关联性较高，更容易发现深层次机理。缺点在于操作复杂，对于实验人员和实验仪器有一定的要求。另一类是非解剖性分析，即不通过解剖等手段对实验被试动物的器官进行剥离测量，而是直接对动物的普通生理指标等进行非伤害性测试研究。科学家们已经通过很多实验验证了环境因素与动物生长发育指标之间存在着密切的关联性[13~15]，因此可以通过测试这些指标来验证环境因素对于动物的影响。这种实验方式相较于解剖分析来说，操作简单，对操作人员和实验仪器等的要求较低，因此在很多视觉实验研究中也被广泛采用。例如，2008年Hillmann等通过实验发现，当猪的内分泌节律受到干扰时，它的体重增长等指标会受到明显的影响[16]。2011年Eva等通过对比暴露在不同分贝的噪声环境中的肉用鸡仔的体重增长情况，发现噪声对于肉鸡的发育存在抑制作用[17]。西安交通大学的谢雯等通过监测发育期的老鼠体重、跳台实验和迷宫实验等手段，研究不同功率的光照对于这些指标的影响，来研究高强度光照的危害性[18]。因此结合自身的实际情况，在本研究中，选取大鼠的体重增长作为主要指标进行研究。通过比照不同的光照情况对于发育期的大鼠体重的增长情况的影响，研究脉冲光是否对生物体的生长发育存在不良影响。

在实验中对于视觉效能（visual performance）的测试选用朗道尔环（Landolt ring）辨识实验。朗道尔环是一种视觉实验中经常被采用来测试视觉能力的测试方式。它是由瑞士出生的眼科医生Edmund Landolt发明的[19]。简单来说，朗道尔环是一个带有缺口的C型图案，如图5-1所示。缺口的开口方向可以是任意方向，一般为上下左右外加斜向45°角几种，实验时被试者需要辨识出展示给他的朗道尔环图片的开口是朝向哪一个方向的。朗道尔环被认为是一种精确可信的视觉能力测试方式，被广泛应用在视觉研究中[20~22]。在本实验中通过对被试者在接收不同参数光刺激后的朗道尔环辨识实验来测试不同光刺激对于人的视觉效能的影响。

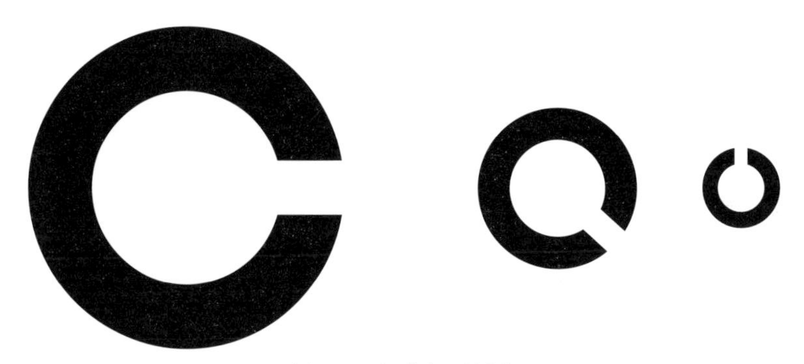

图5-1 朗道尔环图案

5.1.4 脉冲光生理效应研究的实验平台

实验测试中除了应用到本书上述章节所述的脉冲光发生装置产生实验所需的各类脉冲光之外，还需要运用仪器对实验新增的测试指标进行精确测量。主要的仪器和测试平台如下所述：

利用生命体征监护仪对于被试者的心率、血压等进行精确测试。仪器的血压模块采用的是医用振荡法测量仪，这种测量方法与传统的柯氏音法相比，具有误差小、可靠性高、客观性强和稳定性高等优点。在测试时，仪器模块先将全部测量过程都记录下来，然后将脉搏振动幅度的相关值作为基础，对数据进行逐点分析，并且配有专门的抗干扰电路，保障了测量血压数据的精确性。血压分辨率为1mmHg（1mmHg=133.322Pa），精度±10mmHg。心率的测量采用的是指夹式探头进行采样测量，分辨率为1bpm（bpm，1min心跳次数），精度为2%。

实验中还选用精密的电子天平来称取实验SD大鼠的体重情况。天平带有防风罩和校准砝码，最大称量值为1000g，最小称量值为0.1g，最小分度值为0.01g，足以满足本实验的精确性要求。在每日称重前，均首先用校准砝码进行校准，确保测量数据的精确性。

实验中的朗道尔环测试利用的是E-Prime软件编写的测试程序。首先将8个不同开口方向（上下左右以及四个斜方向）的朗道尔环图片作为刺激源导入软件中，软件按照随机顺序一张张播放在屏幕上。每张图片呈现1s后会替换为全黑图片，被试者需用键盘九宫格数字键输入识别的方向后软件才会呈现下一幅图片，同时软件会记录下被试者的反应时间，键入值等一系列数据供实验后分析统计。实验时，屏幕距离被试者眼睛为1m。每幅图片被随机播放三次，即总共进行10轮辨识实验，在实验完毕后，测试软件统计出被试者的正确识别个数与辨识时间，识别正确数越多，辨识时间越短即说明被试者的视觉效能越高。实验中将正确识别个数与总识别时间的比值定义为被试者的识别效率。

5.2 脉冲光短期照射的实验研究

首先研究的是人在接受到短暂的脉冲光刺激时，与直流光相比，是否会存在视觉舒适性或者视觉效能方面的差异。在本实验中，利用测试平台对12位被试者进行了60组实验，累计实验时长为30多小时，对于脉冲光的短期照射带来的影响进行了深入研究。

5.2.1 实验平台与参数设置

在此实验中，12位被试者参与了实验，其中男性6名，女性6名，年龄在20～30岁。所有被试者具有正常的视觉功能，没有患过眼部疾病，近视者的矫正视力达到0.8以上，实验期间身体与精神状况正常。出于实验伦理性的考虑，所有被试者在实验前均被告知了实验流程等不影响实验精确性的信息，了解实验装置等对自身不具有危害性。所有被试者均自愿参与本次实验。

实验在第3章中提到的视觉实验室展开，用不透光幕布隔出一个密闭空间模拟日常办公室环境，在隔间中放置一张办公桌，桌面上方放置一个灯箱，灯箱内装有LED灯条，灯条离办公桌面距离为1m。LED灯条通过灯箱上部开口与外部的电源和波形发生器等装置相连，可以产生实验所需的各种参数的光刺激，灯箱下部敞口装有扩散板，以增加办公桌面上的照度均匀性。为了减少环境参数对被试者造成的不必要影响，实验室中通过空调维持实验过程中室内温度恒定在25℃，相对湿度在50%～60%。

考虑到色温等很多光源参数也会对人的视觉舒适性视觉效能等带来影响[23,24]，实验前对这些参数进行了设定。实验选取的LED灯条的色温为5100K，在实验前，通过照度计进行测试，将照度计固定在灯箱中心正下方的办公桌上，通过调节电源的驱动电流，使所有不同调制参数在实验办公桌上的照度统一为300lx左右，并记录下各组的驱动电流和电压值，以便在正式实验时可以一步设置到位，提高实验效率。

由于人体固有的生理节律的影响，各项生理参数每日会随着时间的不同而起起伏伏，科学家们经过长期的研究发现，人类以及很多生物体都存在各种生理节律，从新陈代谢到心率、血压等各类指标都存在不同周期的节律性波动，例如人体的体温即随着昼夜节律性变化，如图 5-2 所示。

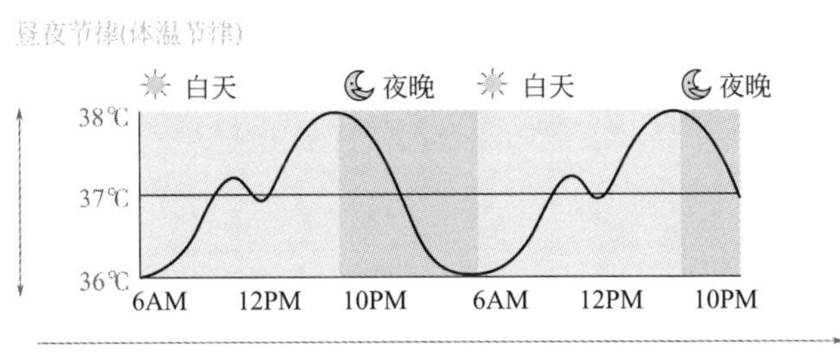

图 5-2　人体体温的昼夜节律变化

根据周期长短不同，可以分为近日节律，即周期在 20～28h 的生理节律；亚日节律，即周期短于 20h 的周期节律；超日节律，即以周、月等超过 28h 周期的生理节律。褪黑素分泌等都是近日节律[25～27]。为了减少这种固有的生理节律给实验测试带来的影响，本实验的所有测试都设置在 15 点至 19 点的时间段内，每位被试者都是连续测试完全部实验，每组测试时长为 20min，这样较短的时长下固有的生理节律的变化带来的影响也比较小。

为了研究不同的脉冲调制参数对于视觉舒适性和视觉效能是否存在不同影响，设置多组不同的占空比和频率进行测试，通过控制变量法，即固定某项参数，改变另一项参数的方式进行研究，具体的实验选取的脉冲光的参数设置如表 5-2 所示。

表 5-2　实验参数设置

固定参数	改变参数
占空比：50%	频率：100Hz，300Hz
频率：100Hz	占空比：10%，50%，90%

5.2.2　实验流程

实验开始前，不点亮 LED 灯，被试者进入测试实验室，坐在椅子上进行大约 5min 的静休，为了避免被试者测试前有情绪波动或者多次试验等各类因素导致的心率不稳定给实验测试带来测试偏差，在每次暗适应后首先利用生理监护仪对被试者的心率进行测试，每 1min 测试一次，当连续三次测试的心率偏差不超过 10 次/min 时，判定被试者心率已经稳定，开始进行光刺激实验测试。具体的实验流程如下：

① 任选一组设置的实验参数点亮灯箱内的 LED 灯，被试者静坐在椅子上，阅读实验桌上放置的固定的纸质文章；

② 每组实验持续 20min，实验中每分钟对被试者的心率进行一次测量，每 4min 对被试者的血压（包括舒张压和收缩压）进行一次测量；

③ 20min 时，被试者进行朗道尔环识别测试；

④ 被试者按照要求对实验过程中的舒适情况进行打分评价；

⑤ 关闭灯箱内的 LED 灯，被试者在暗环境中静休约 5min，再按照上面所述的评价方式，待被试者心率稳定后再选另一组实验参数进行新一轮实验。

5.2.3 脉冲光短期照射对生理的影响

完成所有被试者的测试后，将不同测试情况下所有被试的血压、心率、朗道尔环实验测试数据与舒适性评分情况统计出平均结果。结果如图 5-3～图 5-7 所示。

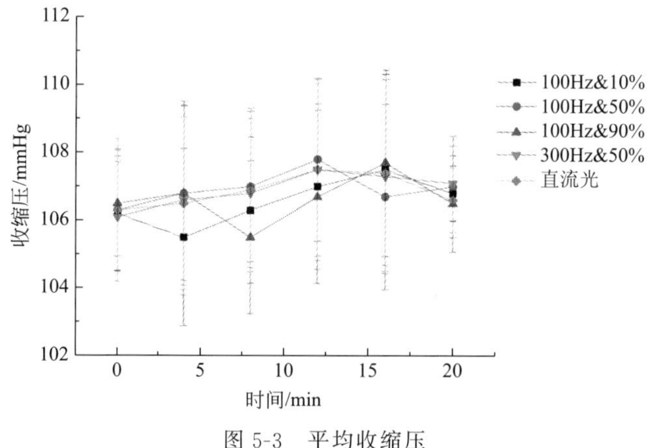

图 5-3　平均收缩压

从上述统计数据图可以看出，不同调制参数下被试者的心率、血压、识别效率以及舒适性评分的差异比较小。为了更好地分析测试的数据之间的差异性，利用 SPSS 软件对测试的血压、心率的实验数据进行配对样本 T 检验，假设数据之间不存在系统性差异，若 P 值小于显著性水平 0.05 则拒绝原假设，认为对比组数据存在系统性误差，反之则确认假设。统计分析结果如表 5-3 所示。

表 5-3　配对样本 *T* 检验数据

比较组	*P* 值		
	心率	收缩压	舒张压
100Hz&50% 与 直流光	0.342	0.506	0.576
300Hz&50% 与 直流光	0.425	0.473	0.411
100Hz 与 300Hz	0.571	0.486	0.496
10% 与 50%	0.058	0.451	0.457
10% 与 90%	0.082	0.374	0.158
50% 与 90%	0.793	0.636	0.346

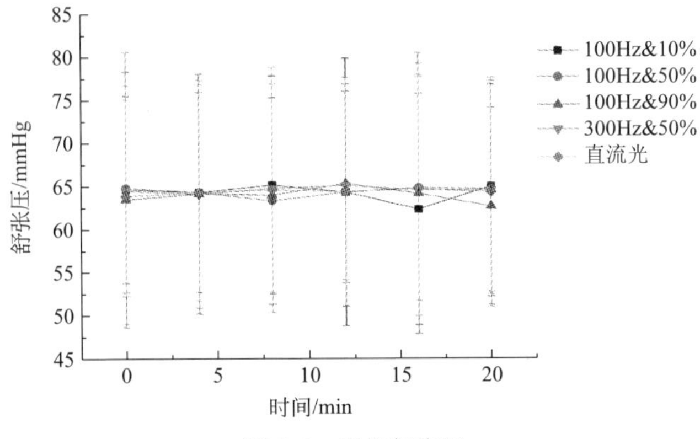

图 5-4　平均舒张压

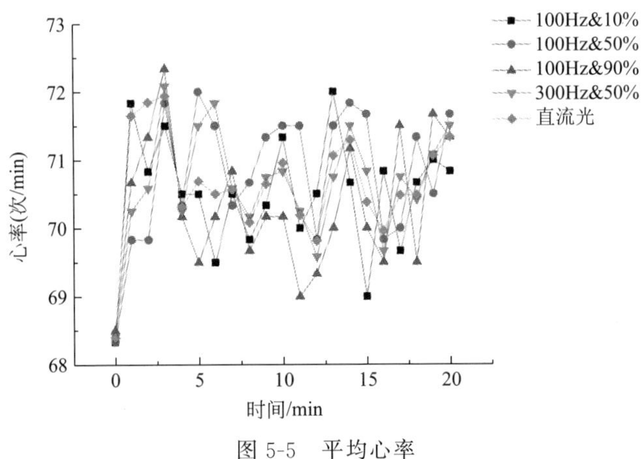

图 5-5　平均心率

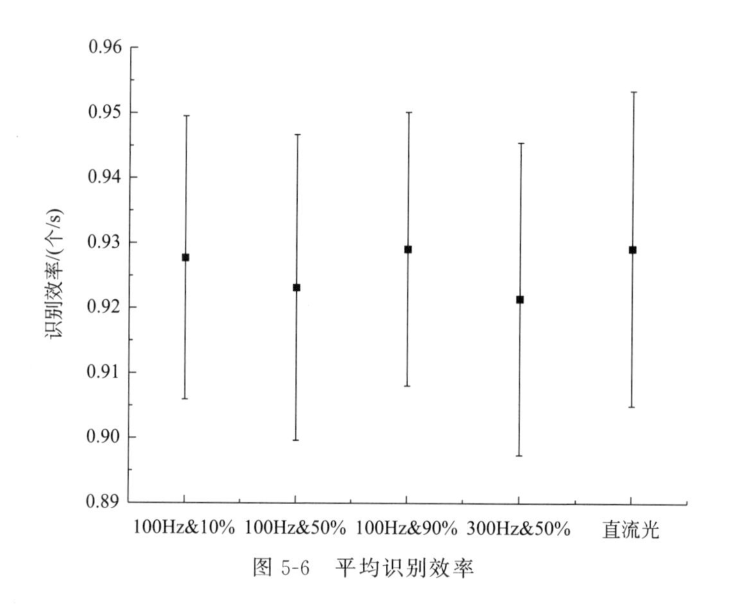

图 5-6 平均识别效率

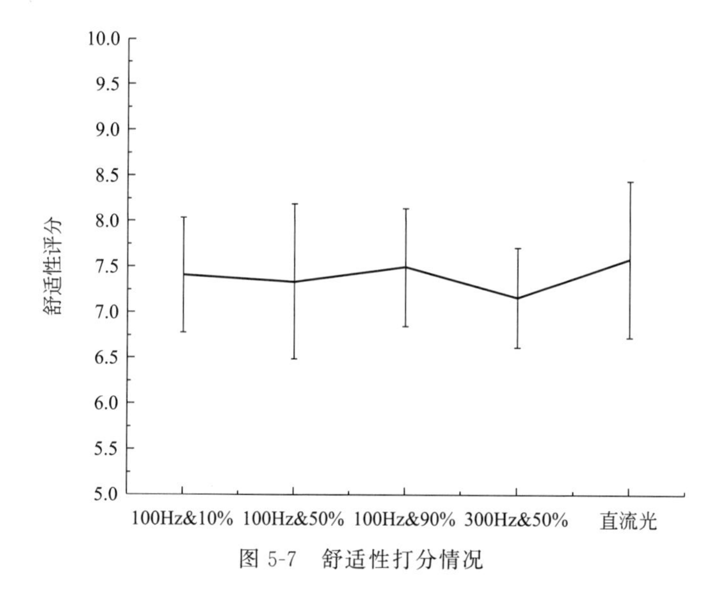

图 5-7 舒适性打分情况

从以上数据中可以看出，P 值均大于 0.05，也就是说比较组之间都没有明显的差异。不同的频率或者不同的占空比情况下，测试的数据均没有明显的差异，而且与直流光的测试数据相比也没有显著的差异性。

由以上分析可以得出的结论是，在短时间的光刺激情况下，脉冲光与直流光相比并不会对人的视觉舒适性和视觉效能等造成显著的影响。

5.3 脉冲光长期照射的实验探究

与数十分钟的短时间光刺激相比，更长时间的光刺激是否会对人的视觉舒适性和视觉效能造成影响的研究对于实际照明应用更具有参照意义，因此也是研究关注的重要部分之一。在本研究中，对被试者进行了 60 组实验，累计测试实验时长超过 180h，对于不同参数情况下的脉冲光长期照射对人的生理效应的影响进行了详细研究。

5.3.1 实验平台与参数设置

在此实验中，12 位被试者参与了实验，其中男性 6 名、女性 6 名、年龄在 20～30 岁。所有被试者具有正常的视觉功能，没有患过眼部疾病，近视者的矫正视力达到 0.8 以上，实验期间身体与精神状况正常。出于实验伦理性的考虑，所有被试者在实验前均被告知了实验流程等不影响实验精确性的信息，了解实验装置等对自身不具有危害性。所有被试者均自愿参与本次实验。

实验依旧在视觉实验室展开，具体实验室环境和布置图与短期光刺激实验一致。实验测试场景图如图 5-8 所示。

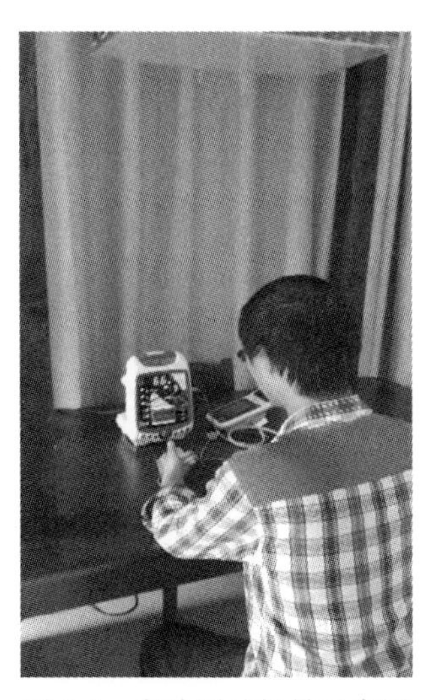

图 5-8　实验测试场景示意图

为了减少环境参数对被试者造成不必要的影响，实验室中通过空调维持实验过程中室内温度恒定在25℃，相对湿度在50%～60%。

人体的固有的褪黑素分泌节律如图5-9所示，褪黑素会在每日的23点左右开始达到分泌旺盛期，在15～21点这一段时间内分泌比较稳定[28]。为了减少被试者固有的褪黑素分泌引起的生理指标改变的影响，将实验测试时间设定在每日的18～21点。

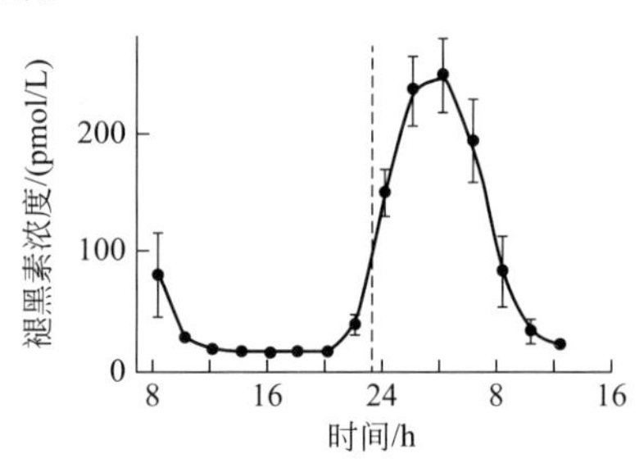

图5-9　褪黑素分泌节律[28]

实验选取的LED灯条的色温为5100K，在实验前，通过照度计进行测试，将照度计固定在灯箱中心正下方的办公桌上，通过调节电源的驱动电流，使所有不同调制参数测量的照度统一为300lx左右，并记录下各组的驱动电流和电压值，以便在正式实验时可以一步设置到位，提高实验效率。

为了研究不同的脉冲调制参数对于视觉舒适性和视觉效能是否存在不同影响，设置多组不同的占空比和频率进行测试，通过与短期光刺激实验相同的控制变量法进行研究，具体的实验中选取的脉冲光参数设置如表5-4所示。

表5-4　实验参数设置

固定参数	改变参数
占空比：50%	频率：100Hz,300Hz
频率：100Hz	占空比:10%，50%，90%

5.3.2　实验流程

实验开始前，不点亮LED灯，被试者进入测试实验室，坐在椅子上进行大约5min的静休，为了避免被试者测试前有情绪波动或者多次实验等各类因素导致的心率不稳定给实验测试带来测试偏差，在每次暗适应后首先利用生理监护仪对被试者的心率进行测试，每1min测试一次，当连续三次测试的心率偏差不超过10次/min时，判定被试者心率已经稳定，开始进行光刺激实验测试。具体的实验流程如下：

① 任选一组设置的实验参数点亮灯箱内的 LED 灯，被试者静坐在椅子上，阅读实验桌上放置的固定的纸质文章；

② 每组实验持续 180min，实验中每 5min 对被试者的心率进行一次测量，每 30min 对被试者的血压（包括舒张压和收缩压）进行一次测量；

③ 180min 时，被试者进行朗道尔环辨识测试；

④ 被试者按照要求对实验过程中的舒适情况进行打分评价；

⑤ 关闭灯箱内的 LED 灯，被试者在暗环境中静休约 5min，再按照上面所述的评价方式，待被试者心率稳定后再选另一组实验参数进行新一轮实验。

5.3.3　脉冲光长期照射对生理的影响

完成所有被试者的测试后，将不同测试情况下所有被试者的血压、心率计算平均值，将各项测试数据利用 SPSS 软件进行配对样本 T 检验分析，假设数据之间不存在系统性差异，若 P 值小于显著性水平 0.05 则拒绝原假设，认为对比组数据存在系统性误差，反之则确认假设。统计分析结果如表 5-5 所示。

表 5-5　配对样本 T 检验数据

比较组	P 值		
	心率	收缩压	舒张压
100Hz 与 300Hz	0.081	0.165	0.595
10%与直流光	<0.001	0.009	0.025
50%与直流光	0.051	0.066	0.041
90%与直流光	0.353	0.377	0.394

从统计的结果中可以看出，在长期光刺激下，占空比为 10%的脉冲光与直流光相比，会对被试者的心率、血压造成显著性影响。占空比较高时，脉冲光对心率、血压这些指标的影响不显著。与占空比相比，频率的改变造成的影响也是非显著性的。进一步分析测试所得的数据，将 100Hz，占空比为 10%的测试组所有被试者的测量数据的平均值与直流光下测试数据的平均值进行比较，对比结果如图 5-10～图 5-14 所示。

从图 5-10 和图 5-11 中可以看出，经过频率为 100Hz、占空比为 10%的脉冲光的较长时间的照射下，被试者的平均舒张压和收缩压均比直流光照射情况下更高。

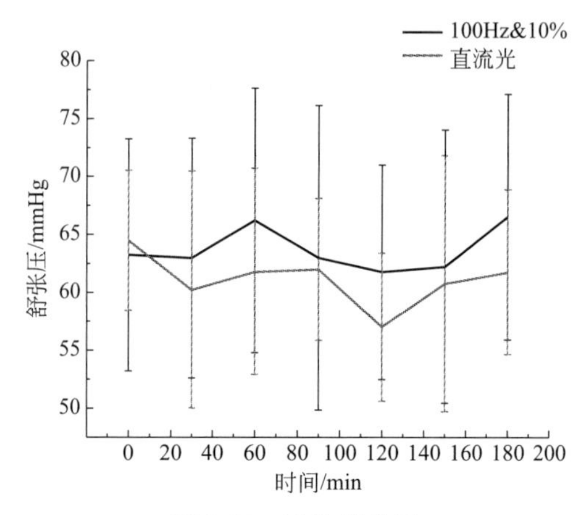

图 5-10　平均舒张压

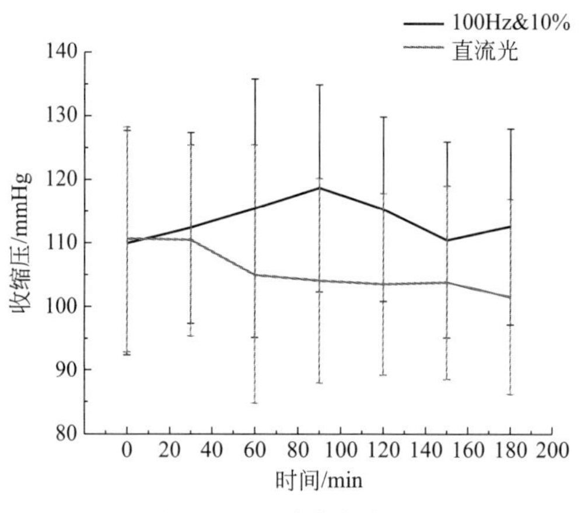

图 5-11　平均收缩压

从图 5-12 中可以看出，经过频率为 100Hz、占空比为 10％的脉冲光的较长时间的照射下，被试者的平均心率比直流光照射情况下更高。

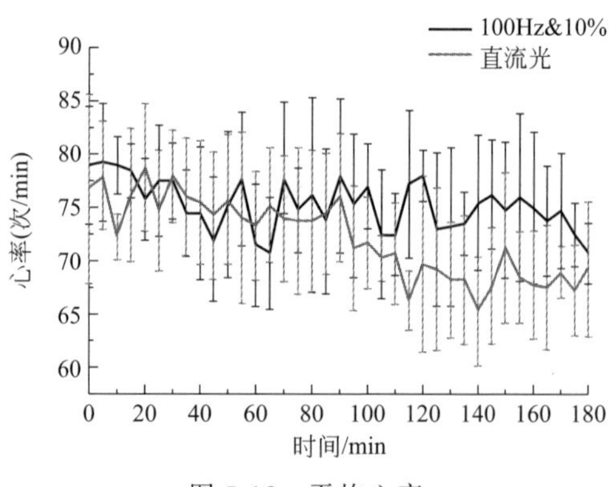

图 5-12　平均心率

从图 5-13 中可以看出，经过频率为 100Hz、占空比为 10%的脉冲光的较长时间的照射后，被试者的平均识别效率比直流光照射情况后有显著降低。

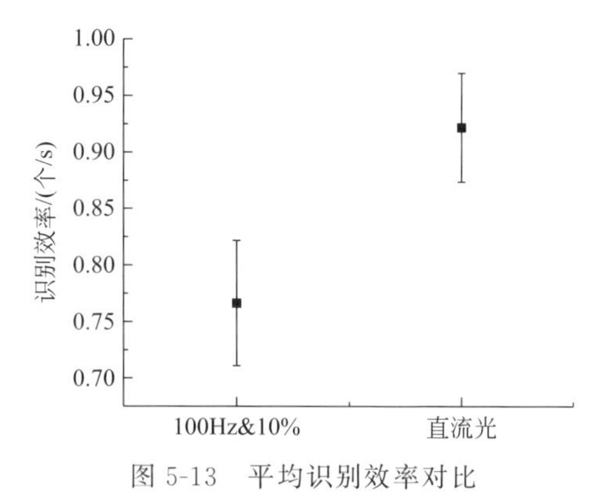

图 5-13　平均识别效率对比

从图 5-14 中可以看出，经过频率为 100Hz、占空比为 10%的脉冲光的较长时间的照射后，被试者的舒适性评分比直流光照射情况要显著降低。

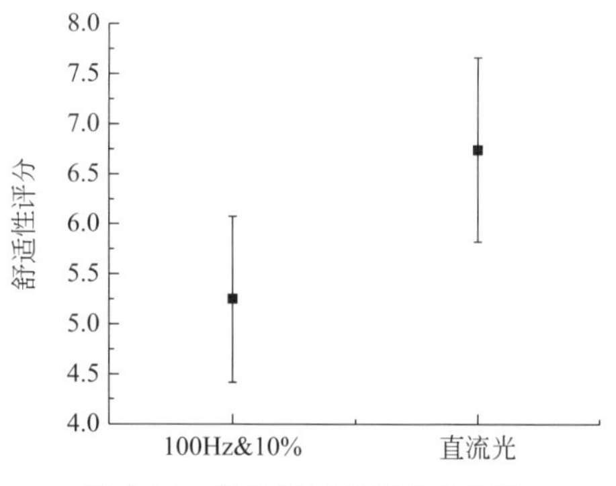

图 5-14　舒适性评分平均分对比

从上述对比图与统计分析可以看出，在长时间的光刺激照射情况下，与直流光相比，低占空比的脉冲光照射会导致被试者的心率和血压升高，朗道尔环识别效率降低，舒适性评分降低。实验分析表明与短期光照射的情况不同，脉冲光长期照射的情况下，较低的占空比会对人的视觉舒适性和视觉效能造成显著影响，而当占空比较高时，这种影响变得不显著。

5.4　脉冲光超长期照射的实验研究

在上一小节中，研究了在几个小时的照射下，脉冲光对于人的视觉舒适性和视觉效能的影响。在更长的时间尺度上，脉冲光与直流光相比是否会造成生理效应上的不同，值得进一步研究。较长时间的光照射实验，选取人类被试者在实验操作上存在诸多不便利因素。同时，这样长期的光刺激实验，在实验效应尚不明确的前提下，无法判断对于被试者是否存在健康威胁，这也不符合涉及人类受试者的科学研究的伦理原则——赫尔辛基宣言的精神。因此经过调研选取了SD大鼠作为研究对象进行实验。总计进行了4组对照实验，累计测试时长约670h，对于脉冲光的超长期照射对生物体的生理影响进行了详细研究。

5.4.1 实验平台与参数设置

本实验中被试样本选取了具有实验动物使用许可证和实验动物生产许可证的正规实验动物养殖公司进行采购，均为养殖实验室培养出的无特定病原体级的实验专用大鼠，即SPF级实验样品鼠，确保了被试样本的可靠性。实验中选取的均为实验室培育出的3周龄左右的雄性幼鼠。测试时每组选取10只SD大鼠进行实验，以抵消个体误差对实验结果造成的影响。

在本研究中，重点研究的是不同占空比以及不同的频率对生理效应的影响。通过改变脉冲光的占空比或频率来照射SD大鼠，研究大鼠的体重增长情况，并与同样强度的直流光照射情况下进行对比研究。实验选取的脉冲光参数如表5-6所示。

表5-6 实验脉冲光参数设置

固定参数	改变参数
频率：100Hz	占空比：10%，90%
频率：300Hz	占空比：10%

实验在一间独立实验室进行，实验室通过不透光幕布进行遮光，确保没有外界光线进入。实验室通过通风管道进行通风透气，利用空调装置保持实验时室内温度稳定在20℃左右，相对湿度在50%～60%。实验装置如图5-15所示。

驱动电路置于实验桌的中央，装置两侧对称放置两个鼠笼，鼠笼上方放置LED光源提供照明。两个鼠笼之间通过中央装置区域进行隔光处理，确保各自的光照不会互相影响，同时由于对称放置，可以认为驱动噪声等外界因素的影响对于两侧鼠笼的影响是一致的。鼠笼上放置食物槽与饮水装置，

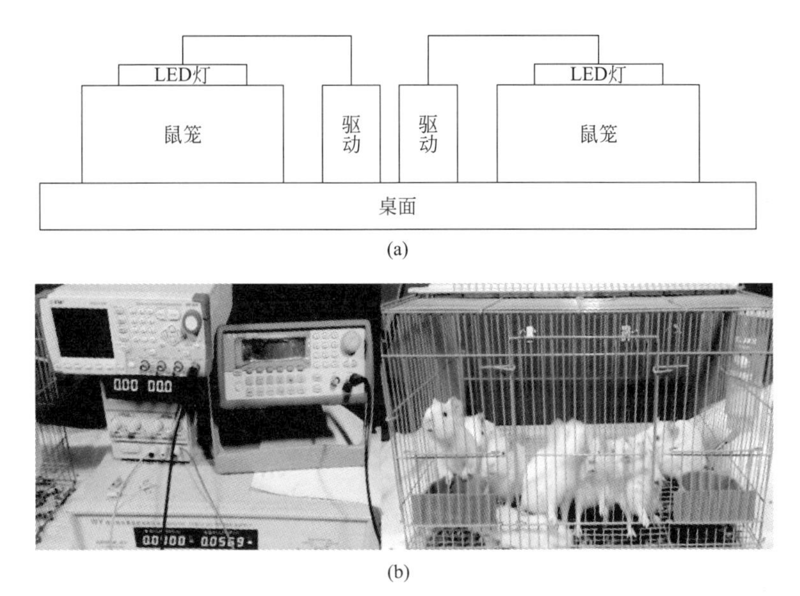

(a)

(b)

图 5-15 实验装置示意图（a）与实物图（b）

可以放置足量的食物与水源。实验期间从正规动物养殖公司购买专用鼠粮，利用纯净水作为大鼠的饮用水，避免测试期间样本意外死亡等导致样本数量发生改变。

5.4.2 实验流程

每一批次实验利用两个鼠笼可以同时进行两个不同参数光照的实验，在开始实验前，首先利用精密电子天平对所有的 SD 大鼠进行称重并且编号，按照初始体重，选取最接近的 20 只大鼠分成两组记录对应编号，分别放入两侧的鼠笼中进行实验，具体的实验流程如下：

① 选择两组测试参数分别驱动两侧鼠笼上的 LED 灯具；

② 每天从 8：00 至 20：00 提供 12h 的 LED 光照，剩余时间关闭 LED 光源不提供任何光照；

③ 每天 8：00 利用精密电子天平给两侧鼠笼提供等量且充足的鼠粮和纯净水，并且对鼠笼进行清洁打扫，每天 20：00 利用精密电子天平对两侧鼠笼内 SD 大鼠进行称重，按照编号进行记录，并且对鼠笼进行清洁打扫；

④ 实验一共持续 14d，14d 后重新更换新的同样周龄的 SD 大鼠，选取初始体重最接近的 20 只进行编号并分别装入两侧鼠笼中，另选取两组测试参数驱动 LED 灯具，按照同样的流程进行实验。

5.4.3 脉冲光超长期照射对生理的影响

完成所有测试组的实验后，将每一组 10 只大鼠的体重数据计算平均值与标准差后，按照日数汇总，并利用 SPSS 软件进行配对样本 T 检验分析，分析不同参数的光照组之间是否存在差异性。假设数据之间不存在系统性差异，若 P 值小于显著性水平 0.05 则拒绝原假设，认为这对比组之间数据存在系统性误差，反之则确认假设。统计分析结果如表 5-7 所示。

表 5-7 配对样本 *T* 检验数据

对比组	P 值
100Hz&10% 与 300Hz&10%	<0.001
100Hz&10% 与 直流光	<0.001
100Hz&90% 与 直流光	<0.001
100Hz&10% 与 100Hz&90%	<0.001
300Hz&10% 与 直流光	<0.001

从表中可以看出，在长时间的照射下，不同参数的脉冲光照射与直流光相比，大鼠体重发育数据均产生了显著性的差异。不同的占空比或者是不同的频率的脉冲光照射下，大鼠体重发育的数据均有明显的差异性，这表明，长时间的脉冲光刺激时，频率和占空比均会对大鼠的体重发育产生影响。为了进一步分析不同参数的脉冲光与直流光相比对大鼠体重造成的影响如何，将每一个参数的测试组的大鼠每日体重计算平均值，所得的实验结果统计如图 5-16 所示。

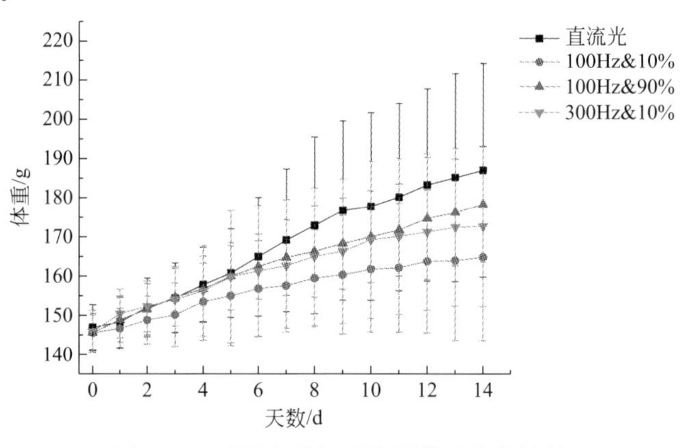

图 5-16 不同光照组下大鼠体重发育情况

对比直流光照射时的大鼠发育情况和几组脉冲光照射下的情况可以发现大鼠体重增长存在差异性。在脉冲光照射时，大鼠体重发育明显较慢，并且相同频率下，较低的占空比会导致大鼠体重发育相对较慢。由此可以得出结论，与短期照射和长期照射情况不同，脉冲光超长期照射的情况下，不同调制参数的脉冲光照射刺激与直流光照射相比均会对生物体的生理指标产生一定的影响。

5.5　脉冲光生理效应的机理探究

从上文的几组实验中可以发现，脉冲光照射对于视觉舒适性和视觉效能等生理效应的影响与照射时间长短、占空比、频率等指标均有一定的关联性。在数十分钟这样短时间的照射情况下，超过人眼临界融合频闪频率的脉冲光与直流光相比，不同频率或者不同占空比的情况下对于视觉舒适性和视觉效能的影响均不显著；当照射时间提升到数小时这样的量级时，与直流光相比，较低占空比的脉冲光对于视觉舒适性和视觉效能均能够产生显著性的影响；当照射时间进一步增长时，与直流光照射相比，不同占空比或者频率的脉冲光均会造成显著的生理效应的影响。

结合第 3 章、第 4 章的实验研究可以发现，虽然对于频率高于人眼临界融合频闪频率的脉冲光，人的视觉感知上并不能直接感知出它的周期变化性，但是与直流光相比，还是会存在诸多差异性，例如脉冲光引发的人眼视觉感知亮度提升/降低效应，以及在同样光强度下，脉冲光照射情况下人眼的瞳孔直径要比直流光照射下扩大一些。

由于人的视觉系统非常复杂，与人体其他系统间又存在着紧密的关联，很多机理性的问题都尚不明确。在此结合前人在神经生理学等方面的研究，尝试对本实验发现的现象进行机理探讨。大量的研究表明视觉系统对于光信息的处理与光刺激信号的频率有关。科学家们在对猫的视觉系统进行研究时，发现当用闪烁的荧光灯照射时，在猫的视网膜上能够检测到锁相反应[29~31]。J Cohen 也认为视神经对于刺激信号的响应会受到信号频率的影响，闪烁等非稳态的刺激信号会使得神经信号产生噪声信号[32]。对于这种视觉系统对频率的响应特性科学家们也提出了一些解释。Barlow 等认为视觉系统的这种特性与视网膜的非对称性抑制中存在延迟因素有关[33]。Richter 等认为这种特性也与感受野的中心区与外围区的作用时间上存在差别有关[34]。Campbell 和 Wilson H R 等则提出了视觉频率多通道理论的假说，认为视觉系统中存在着许多不同的频率通道，相互之间有着不同的调制频率范围[35~37]。

对于频率高于临界融合频率的光刺激，人眼视觉感知不到刺激的闪烁情况，但是科学家们通过研究发现视神经依然能够对这种高频率光刺激产生生理效应方面的反应。Schneider 研究发现，当用高于 CFF 的闪烁光照射兔子时，在视皮层上依然能够检测出与闪烁光同步的诱发电位[38]。加州大学伯克利分校的 Berman 等通过测试多种频率的光刺激下视网膜电流的波形响应，发现对于超过人眼临界融合频闪频率的光刺激视网膜电流依然能够发生响应[39]。

目前的视觉研究已经发现，视觉系统的亮度信息通道与颜色信息通道具有不同的频率响应特性，颜色通道的临界融合频率要低于亮度信息通道[40]。也正是根据这一研究结论，研究人员们利用闪烁法测量出了 2.3 节描述的 CIE 推荐光视效率函数[41]。在 2.5 节所述的 Decuypere 提出的视觉模型也体现了这一特性。这表明视觉系统对于不同信息处理是存在不同通道的，并且各个通道的频率响应等特性可以存在不同。

总结这些研究发现与本章的实验结果，可以对脉冲光的生理效应提出如下解释，视觉系统的视觉类信息通道与生理信息通道具有不同的频率响应特性，生理信息通道的频率响应特性较高。对于高于 CFF 的脉冲光，视觉信息处理通道的临界融合频闪频率较低，所以感知不到闪烁，但是生理信息通道的临界融合频闪频率较高，能够对脉冲光的刺激信号根据调制参数产生不同程度的反应。这种频率响应的差异性导致了实验发现的对于高于 CFF 的脉冲光，虽然被试者人眼并不能直接感知到它的闪烁等视觉信息，但是却会对各项生理指标产生影响。

5.6 基于脉冲光研究的视觉照明感光模型

如 2.1 节的介绍，科学家们已经发现视觉系统的三种感光细胞有不同的功能，锥状细胞与杆状细胞主要影响视觉亮度等信息，而本征感光视网膜神经节细胞主要起着调节生理节律的作用。根据本章对生理效应的研究发现，与同样照度的直流光相比脉冲光会导致显著的生理效应差异，占空比越低差异越显著，并且提升/减弱效应与占空比呈现对数关系。并且根据第 3 章的研究结果，低占空比的脉冲光也会导致视觉感知亮度相对于直流光有所增强/减弱。而根据 2.5 节所述的 Decuypere 与 Stockman 等的视觉系统模型分析，脉冲光经过视觉系统处理后感知亮度应该与直流光相同，这与本实验结果不相吻合。考虑到 Decuypere 与 Stockman 等的模型已经被证实可以解释很多照明领域发现的视觉感光现象，因此根据本书的研究结果，对于前人的视觉照明信息处理模型进行修正，建立符合脉冲光的视觉感知亮度与生理效应的模型，同时又能兼容之前的模型。

由于视觉感光系统中视觉类信息通道与生理信息通道具有不同的频率响应特性，光生理信息通道的频率响应特性较高。因此在模型中还需将光生理信息通道单独分离。而且根据实验结果，可以认为视觉感光系统在处理脉冲光时会产生一定的信号放大，从而引起比同能量的直流光更强的视觉感知亮度与生理效应变化。而且当占空比越小时，视觉感知亮度增强效应与生理效应改变越强烈，当占空比越大时，效应越弱，因此在视觉模型中引入一个类似带通滤波器的非线性滤波器模块，它的响应曲线与脉冲光的占空比相关。考虑到在实验中脉冲光的占空比变化时并没有对光谱的颜色识别等其他视觉信息带来影响，仅仅是改变了视觉感知亮度和生理效应，而且根据针对先前 Stockman 等模型的验证研究实验的结论，对于高频率的闪烁光，视觉感光模型系统的前端依然是一个线性过程[42,43]。因此这一非线性放大过程应当出现在视觉感光信息前端滤波之后。

此外，视亮度传递与光生理传递通道应该各自有独立的非线性滤波过程，否则占空比对于视觉感知亮度与生理效应的影响就会拥有相同的变化趋势，这显然与这两章的实验结果不相吻合，实验发现视觉感知亮度提升与占空比接近对数变化关系，但对生理效应的影响从实验数据来看却不存在这种变化规律；而且，根据 2.4 节 Brainard 等从实验结果中提出的 $B(\lambda)$ 曲线，光生理效应与视觉感知亮度的光谱敏感度是不一样的，因此两个通道的前端滤波特性也是不一样的。基于以上分析，基于脉冲光研究的简化视觉照明感光模型如图 5-17 所示。

模型的前后滤波过程（图 5-17 中的 a、d 部分）与原有的 Stockman 的模型前后滤波过程一致。区别在于当光信号经过第一个滤波过程处理后，视亮度与光生理信息传递分别有独立的处理通道，按照不同光谱响应进行滤波处理（图 5-17 中 b 部分）；并且引入了一个新的非线性滤波过程（图 5-17 中的 c 部分），在这个处理过程中会根据光信号的占空比对脉冲光进行非线性放大，占空比越小时放大幅度越大，占空比越大时放大幅度越弱。根据这样一个模型可以很好地对于本书研究发现的脉冲光视觉感知亮度的提升效应以及生理效应进行解释：当脉冲光刺激进入视觉系统后，在信号处理过程中受到了非线性放大的处理，导致了输出的信号强度比同样能量的直流光要强烈，从而引起了更高的视觉感知亮度和更显著的生理指标变化。而且视亮度信号与生理信号是在独立通道内进行处理的，各自的非线性响应曲线不同，这也与实验发现的占空比变化对视觉感知亮度提升与生理效应的改变造成的变化曲线是不一样的相吻合。

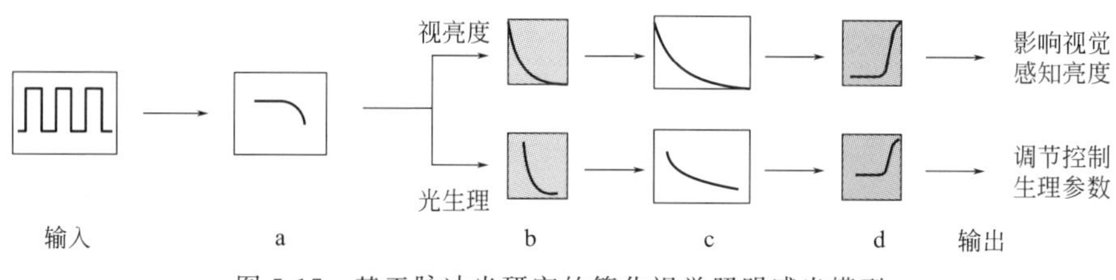

图 5-17　基于脉冲光研究的简化视觉照明感光模型

而且此模型能够兼容 Stockman 等提出的模型。对于占空比较大的脉冲光信号，新引入的非线性滤波（图 5-17 中的 c 部分）放大幅度很微弱，当刺激信号为直流光时，非线性滤波完全不起作用，这些情况下整个视觉照明感光模型的机制与 Stockman 等的模型是一致的，对于原有模型能够解释的视觉现象不会产生冲突。

5.7　光生理效应函数评价体系失效

由于光生理效应的研究涉及照明、心理、生理等多个学科领域，而且与人体的视觉系统、神经系统、内分泌系统等多个系统相关联。目前在这方面的研究具有一定的局限性，一直没有有效的公式等理论指导，导致研究工作一直是以类似心理学的实验对比测试的方式展开。一些研究人员试图参照传统照明学的方法，仿照光视效率函数的方式，针对光生理效应提出函数评价体系。

由于过去实际应用中都是以传统光源为主，光生理效应大多针对的是稳态光，因此对于生理效应的研究重点在于不同光谱情况下的影响。基于此思路，如 2.4 节所述，Brainard 与 Berman 等参考视觉亮度研究中的光谱光视效率函数的方式，提出了光生理效应与光谱之间的光生理效应函数。但是根据本章的研究结论，脉冲光照射下的光生理效应与照射时间的长短，以及占空比、频率等调制频率密切相关。如果以仿照光视效率函数 $V(\lambda)$ 的研究方法提出光生理效应函数 $B(\lambda)$，那么 $B(\lambda)$ 必然是一个与光谱、占空比、频率等多个参数相关的多维变量，而且各个变量之间尚未发现存在函数关联性，因此这种研究方式可行性不高。

此外，由于光生理效应本身缺乏公认的统一评价指标，前人的研究与本章的实验数据都可以发现，虽然不同的指标的变化趋势具有一致性，但不同指标在研究中产生的数值变化程度是不同的。我们以 2.4 节所述的 Brainard 等所用的指标变化率来进行分析说明，这也是对照实验研究中常见的分析方法，某一时刻的指标变化率计算方式如下所示。

$$\text{指标变化率}=\frac{|\text{对照指标数据}-\text{参照指标数据}|}{\text{参照指标数据}} \tag{5-1}$$

依照此分析方法选取脉冲光长期照射组的实验数据进行分析，对照组为脉冲光照射下的血压、心率等数据，参照组为直流光照射情况下的数据，通过指标变化率可以计算出脉冲光照射后血压、心率等指标相对于直流光照射情况下的变化程度的大小。计算结果如图 5-18 所示。

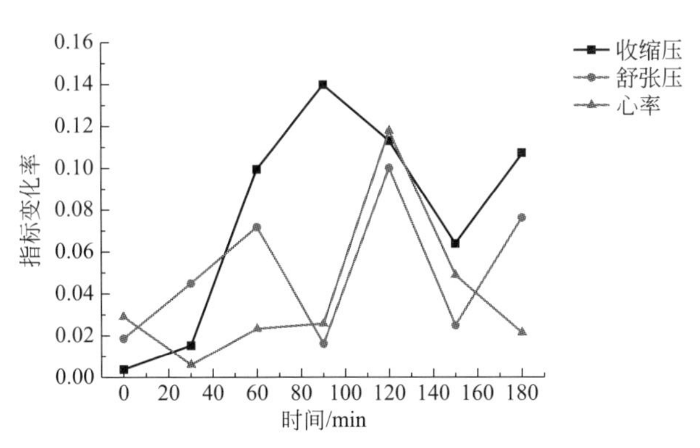

图 5-18　脉冲光长期照射下不同指标变化率情况

从图 5-18 中可以发现，不同的测试指标之间的变化率情况差距较大，即便以不同指标作为变量拟合出函数关系也会存在较大差距，导致推导的函数关系会存在缺乏普适性的问题。

而且通过统计学手段分析，当脉冲光照射与直流光照射下的测试指标的统计分析数值存在统计上的显著性差异时，可以论证脉冲光与直流光相比对生理效应产生了影响；但是这种生理效应影响的显著程度的大小并不完全等价于指标变化率的数值大小。这一点很容易理解，人的血压、心率这些指标在受到刺激时产生的应激变化应当是在一定范围内的，不可能随着刺激持续变大。但是视觉生理效应显著程度本身是一个随着刺激时间不断变大的指标，持续照射时间越长，人受到的视觉生理效应越显著。本章节的实验也可以论证这一点，同样调制参数的脉冲光照射时间越长，引起的生理效应越显著，但是从图 5-18 中我们可以发现数据变化程度随时间不是单调递增的，而是不断波动的。因此，利用测试指标的变化率来拟合生理效应显著程度的函数关系的方式是不严谨的。

总结来说，根据本章的研究分析可以看出：脉冲光生理效应受到时间、占空比等多个参数的影响，几个参数之间的关联性也不明确；而且缺乏研究领域认可的统一评价指标，不同指标带来的影响程度差距较大；并且指标变化率的数值不能完全等价于生理效应的显著程度。由于以上这些问题，Brainard 等提出的以函数方式来评价光的生理效应的方式对于脉冲光而言是失效的。目前对于脉冲光的生理效应研究采用传统照明领域的实验对照测试结合统计分析的手段进行研究评价更为严谨可信。

5.8 脉冲光生理效应研究的应用

5.8.1 脉冲光照明应用的评估

虽然基于上一节的研究分析，由于目前研究的局限性，无法用类似$V(\lambda)$的方式提出量化的函数关系来对脉冲光的生理效应进行准确的数值分析。但是利用本章的研究结论，可以对脉冲光的照明应用效果进行大致评估，对实际照明应用提供指导。

对于实际照明效果的评估可分成两个部分，一部分是照明的视觉效果，即被照者感受到的亮度情况；另一部分是照明的舒适效果，即对被照者的视觉疲劳等的影响。利用本章的研究结论结合上一章的结论可以对实际应用中的脉冲光的照明效果进行评估。对于待评估的脉冲光，根据具体应用的占空比等情况可以利用上一章提出的脉冲光光谱光视觉函数计算出它的人眼视觉感知亮度情况，与各类照明标准的亮度要求进行对比，即可以评估次脉冲光的亮度情况是否达标；而根据实际应用大致的持续照射时长，可以根据本章的不同光照时长的研究进行分组查询，小于 20min 左右的照射时长属于短期照射组，20min～3h 的照射属于长期照射组，更长期的照射属于超长期照射组。再根据具体的脉冲调制参数即可查询出对应脉冲光对于生理效应的影响情况，来评估此脉冲光对视觉舒适性的影响。

例如，对于一个常见的 5800K 左右的白光 LED 来说，当希望以 20％的占空比进行调光照明应用于教室照明时，根据上述章节所推导的公式可以计算出它比同样情况的直流驱动时人眼感知亮度大致提升了 12％；再根据教室照明持续时长大约为 1h 估算，属于长期照射，查询对应的照射时长下的研究结论，20％这种较低的占空比会影响人的视觉舒适性和视觉效能。因此虽然它可以满足照明亮度需求，但考虑到对于视觉舒适性存在隐患，因此可以评估出不推荐以此调制参数的脉冲光应用于教室照明。

5.8.2　脉冲光照明应用推荐

根据本章的研究表明，长期的脉冲光照射对于人的生理效应存在一定的影响，因此虽然脉冲光存在着人眼视觉感知亮度提升效应，但是并不适合应用于所有的照明场合，特别是室内办公等场合，但是在特定场合里还是存在推广应用的价值。

（1）信号指示与非办公照明

信号指示是照明应用的一个重要领域，典型的应用包括交通信号、紧急疏散指示等。它们对于道路安全，紧急情况下的人员疏散，消防救援引导起到了非常巨大的作用。随着社会的发展进步，对于人身安全的日益重视，城市道路、建筑设施等很多场景对于信号照明的应用需求日益增长。在这些应用场景下，对于视觉感知显著性要求是第一位的。这些应用场合不会存在长期光刺激而导致生理影响的担忧，因而可以利用研究发现的脉冲光的视觉感知亮度提升效应，增加指示信号的感知敏感性。根据第 3 章的实验结果，当脉冲光占空比低于 50％时，视觉感知亮度能够提高超过 10％，从而可以起到增强信号指示显著性的目的。

在没有人员长期存在的照明场合，例如仓库、户外照明等场合，也可以使用占空比低于 50％的脉冲光，实现视觉感知亮度的提升。

（2）显示背光

随着电子科学的不断进步，电脑、手机、平板等各类电子产品层出不穷，伴随而来的是照明在背光显示中的应用也日益增多。在这类的应用中对于视觉感知亮度有着一定的需求。在日常使用中，用户正常的连续观察屏幕时间不会超过数个小时，按照专家建议，恰当的方式是观察屏幕不要连续超过 45min[43,44]。这种情况下，根据上文的实验研究，可以利用高频率、高占空比的脉冲光进行背光照明，一方面提高视觉感知亮度，另一方面也对于用户的各项生理参数没有显著的影响，符合健康照明的要求。

（3）非视觉照明应用

类比脉冲光相比直流光带来的视觉感知亮度提升效应，可以在一些非视觉照明应用场合结合进一步研究，拓展应用领域，例如光医疗、植物补光等领域，目前已经有很多相关的研究和应用[45,46]。在这方面的应用，还需要结合实际的应用场景展开深入的研究，在本书中就不予以赘述了。

5.9 本章小结

在本章中，主要介绍了对于脉冲光视觉舒适性和视觉效能等生理效应的影响的研究。主要的内容分为如下几个部分：

一是通过视觉科学、认知学、生物学、计算机科学等学科的交叉理论设计了相关实验，并搭建了符合实验要求的研究平台，选择了合适的实验参数和实验对象。

二是在不同的光刺激时长上分别研究了脉冲光的生理效应。在各自不同的光刺激时长上选取了适当的研究手段进行相应研究，将不同脉冲参数下被试者的心率、血压、朗道尔环识别率以及 SD 大鼠的体重发育等数据分别和直流光情况下进行对比，深入研究了脉冲光对于视觉舒适性和视觉效能等的影响。

三是根据实验研究测试所得数据，结合前人的研究理论，总结了实验结果，并对发现的现象进行了解释分析。基于实验结果进行了分析讨论，提出了改进的视觉照明感光模型，更好地吻合了研究发现的一系列脉冲光效应。

四是根据实验结论并结合前一章的研究发现的脉冲光的视觉感知亮度提升效应，提出了推荐的脉冲光应用场合和调制参数。

本章可以得出的部分结论总结如下：

① 脉冲光对于生理效应的影响与接受光刺激的时长有重要关联性，当接受到的光刺激的时长较短，例如数十分钟的脉冲光刺激下，与直流光相比，频率高于 CFF 的脉冲光不会对视觉舒适性和视觉效能造成显著影响；当接受的光刺激时长较长，如数个小时的情况下，低占空比的脉冲光会对视觉舒适性和视觉效能造成显著影响，而高占空比的脉冲光的影响相对不显著；当光刺激的时长进一步增加到数日的情况时，不同频率与占空比的脉冲光均会对生理效应造成显著的影响。

② 利用之前相关科研工作者对于神经生理学等方面的研究，对实验的研究结果进行了分析，视觉系统的视觉类信息通道与生理信息通道具有不同的频率响应特性，生理信息通道的频率响应特性较高。这种频率响应的差异性导致了对于高于 CFF 的脉冲光，虽然被试者人眼并不能直接感知到它的闪烁，但是却会对各项生理指标产生影响。

③ 根据实验研究结果，结合前人的研究理论，进行了分析讨论，提出了改进的视觉照明感光模型，更好地吻合了研究发现的一系列脉冲光效应，并且能够兼容前人的模型，对于进一步理解视觉系统对脉冲等非稳态光刺激的处理提供了参考。

④ 根据本章对于不同情况下脉冲光对生理效应影响的研究分析，Brainard 等提出的以函数方式来评价光的生理效应的方式对于脉冲光而言是失效的，对于脉冲光的生理效应研究采用传统照明领域的实验对照测试结合统计分析的手段进行研究评价更为严谨可信。同时利用本章的研究结论，可以对脉冲光的照明应用效果进行大致评估，对实际照明应用提供指导，并且提出了推荐的脉冲光照明应用场合与调制参数。

参考文献

[1] Weckström M. Light and dark adaptation in fly photoreceptors: duration and time integral of the impulse response [J]. Vision Research, 1989, 29 (10): 1309-1317.

[2] Wood A, Margrain T, Binns A. The effect of bleach duration and age on the ERG photostress test [J]. Graefe's Archive for Clinical and Experimental Ophthalmology, 2011, 249 (9): 1359-1365.

[3] Aaltonen V, Pölönen M. 54.3: The Effect of Viewing Duration on Visual Comfort with Near-To-Eye Displays [J]. Sid Symposium Digest of Technical Papers, 2009, 40 (1):

812-814.

［4］ 魏世辉．眼科实验动物学［M］．北京：人民军医出版社，2010.

［5］ Huberman A D，Niell C M. What can mice tell us about how vision works? Trends in Neurosciences，2011，34（9）：464-473.

［6］ 杨振兴．大鼠初级视觉皮层 V1 区视觉刺激的响应信号分析［D］，郑州：郑州大学，2011.

［7］ Prusky G T，West P W R，Douglas R M. Behavioral assessment of visual acuity in mice and rats［J］．Vision Research，2000，40（16）：2201-2209.

［8］ Jacobs G H，et al. Emergence of Novel Color Vision in Mice Engineered to Express a Human Cone Photopigment［J］．Science，2007，315（5819）：1723-1725.

［9］ Borges J M，Edward D P，Tso M O. A comparative study of photic injury in four inbred strains of albino rats［J］．Current Eye Research，1990，9（8）：799-803.

［10］ 刘婉莹，等，SD大鼠视神经不同程度损伤的闪光视觉诱发电位动态监测［J］．解放军医学杂志，2004（5）：439-440.

［11］ 程彦彦，桑爱民，陆宏．视网膜光损伤动物模型的建立［J］．国际眼科纵览，2010，34（3）：149-151.

［12］ Kurihara T，et al. Targeted deletion of Vegfa in adult mice induces vision loss［J］．Journal of Clinical Investigation，2012，122（11）：4213-4217.

［13］ Buison A，et al. Augmenting leptin circadian rhythm following a weight reduction in diet-induced obese rats：short-and long-term effects［J］．Metabolism-clinical & Experimental，2004，53（6）：782-789.

［14］ Overstreet D H. The Flinders sensitive line rats：a genetic animal model of depression［J］．Neuroscience & Biobehavioral Reviews，1993. 17（1）：51-68.

［15］ Saper C B，et al. The hypothalamic integrator for circadian rhythms［J］．Trends in Neurosciences，2005，28（3）：152-157.

［16］ Hillmann E，et al. Effects of weight，temperature and behaviour on the circadian rhythm of salivary cortisol in growing pigs［J］．Animal，2008，2（3）：405-409.

［17］ Eva V，et al. The effects of chronic intermittent noise exposure on broiler chicken performance［J］．Animal Science Journal，2011，82（4）：601-606.

［18］ 谢雯，等．光照对发育期小鼠体重和学习记忆的影响［J］．西安交通大学学报（医学版），2010，31（5）：536-538，569.

［19］ https：//en. wikipedia. org/wiki/Landolt _ C.

［20］ Demirel S，et al. Detection and resolution of vanishing optotype letters in central and peripheral vision［J］．Vision Research，2012，59：9-16.

［21］ 王玮，孙耀杰，林燕丹．振动对人眼视觉绩效的影响研究［J］．照明工程学报，2013，

24 (3): 24-29.

[22] Spragg S, Wulfeck J. The Effect of Immediately Preceding Task Brightness on Visual Performancel [J]. Journal of Applied PsyCHOLOGY, 1995, 39 (4): 237-243.

[23] Narisada K, Schreuder D. Visual performance, task performance [M]. Springer Netherlands, 2004: 241-326.

[24] Yuan J. Shi Z, Kou F. Research on Visual Effect of High Color Temperature Light under Mesopic Vision Condition [J]. Transactions of China Electrotechnical Society, 2013.

[25] Reiter R J. The melatonin rhythm: both a clock and a calendar [J]. Experientia, 1993, 49 (8): 654-664.

[26] Brzezinski A. Melatonin in humans [J]. New England Journal of Medicine, 1997, 336 (1): 19-39.

[27] Iuvone P M, et al. Circadian clocks, clock networks, arylalkylamine N-acetyltransferase, and melatonin in the retina [J]. Progress in Retinal and Eye Research, 2005, 24 (4): 433-456.

[28] Boyce P R. Human factors in lighting [J]. Crc Press, 2003 (2).

[29] Eysel U T, Burandt U. Fluorescent tube light evokes flicker responses in visual neurons [J]. Vision Research, 1984, 24 (9): 943-948.

[30] Kimura M. Neuronal responses of cat's striate cortex to flicker light stimulation [J]. Brain Research, 1980, 192 (2): 560-563.

[31] Lindsey D B. Electrophysiology of the visual system and its relation to perceptual phenomena [M]. in MAB Brazier Ed. Brain and behavior. Washington DC: American Institute of Biological Science, 1961: 359-392.

[32] Cohen J. Statistical Power Analysis For The Behavioral Sciences [J]. Journal of the American Statistical Association, 1988, 2nd.

[33] Barlow H B, Hill R M, Levick W R. Retinal ganglion cells responding selectively to direction and speed of image motion in the rabbit [J]. Journal of Physiology, 1964, 173 (3): 377-407.

[34] Richter J, Ullman S. A model for the temporal organization of X-and Y-type receptive fields in the primate retina [J]. Biological Cybernetics, 1982, 43 (2): 127-145.

[35] Campbell F W. The human eye as an optical filter [J]. Proceedings of the IEEE, 1968, 56 (6): 1009-1014.

[36] Simpson W A, Mcfadden S M. Spatial frequency channels derived from individual differences [J]. Vision Research, 2005, 45 (21): 2723-2727.

[37] Wilson H R, Bergen J R. A Four Mechanism Models for Threshold Spatial Vision [J].

Vision Research, 1979, 19 (1): 19-32.

[38] Schneider C W. Behavioral determinations of critical flicker frequency in the rabbit [J]. Vision Research, 1968, 8 (9): 1227-1228.

[39] Berman S M, et al. Human electroretinogram responses to video displays, fluorescent lighting, and other high frequency sources [J]. Optometry & Vision Science Official Publication of the American Academy of Optometry, 1991, 68 (8): 645-662.

[40] Chatterjee S, Callaway E M. Parallel colour-opponent pathways to primary visual cortex [J]. Nature, 2003, 426 (6967): 668-671.

[41] Vienot F, Chiron A. Brightness Matching and Flicker Photometric Data Obtained over the Full Mesopic Range [J]. Vision Research, 1992, 32 (3): 533-540.

[42] Brindley G S. Beats produced by simultaneous stimulation of human eye with intermittent light and intermittent or alternating electric current [J]. Journal of Physiology-London, 1962, 164 (1): 157-167.

[43] Stockman A, MacLeod D I A, Lebrun S. Faster than the eye can see: blue cones respond to rapid flicker [J]. Journal of the Optical Society of America A, 1993, 10 (6): 1396-1402.

[44] 王秉科. 对推进青少年眼睛保护工作的建议 [J]. 日用电器, 2009 (3): 31-32.

[45] 周东, 白永晟, 梁超. 强脉冲光子嫩肤术治疗面部激素依赖性皮炎的疗效观察 [J]. 中国激光医学杂志, 2010, 19 (3): 177-179.

[46] Palanisamy P, Jaganathan D. Application of Pulsed Ultra Violet light in Food Processing [J]. Marine Ecology Progress, 2014, 203 (1): 95-107.

第6章

脉冲光的视觉及非视觉应用展望

6.1 光源的视觉与非视觉应用

随着 LED 光效的提高与价格的下降，LED 的应用领域越来越广泛。除了作为人眼视觉功能外，包括前文叙述的显示、指示、普通照明等，还有不是作为人眼视觉功能的应用，称为非视觉应用[1]。

(1) 视觉功能应用

光源发出的光是一种辐射量，衡量单位为辐射通量、辐射强度、辐射亮度等指标，是辐射度学的范畴。它们是客观的物理量，单位是建立在功率单位瓦之上的，为瓦、瓦/立体角、瓦/(米^2·立体角)。光源的视觉功能应用主要指光源为照明、指示、显示所用，这些应用的目的都是让人眼看清楚某样东西。在这些应用中，关注于光源的光度学、色度学参数，前者包括光通量、发光强度、亮度等指标，后者包括色坐标 x、y、z 以及显色指数 R_a、色温等。在辐射度学中，所有波长的光是等价的，实际上，辐射度学相当于只关注能量，不关注不同波长在各种应用中所产生的不同效果。在光度学中，不同波长的光对人眼的强度刺激是不一样的，这个不同波长的加权就是人眼视见函数 $V(\lambda)$。而在色度学中，以三刺激值表示颜色、不同波长的光辐射量通过三个颜色函数 $x(\lambda)$、$y(\lambda)$、$z(\lambda)$ 加权。图 6-1 为人眼视见函数，图 6-2 为 CIE1931 色度空间三刺激值函数。光源的所有视觉应用都是建立在光度学、色度学基础之上的应用。

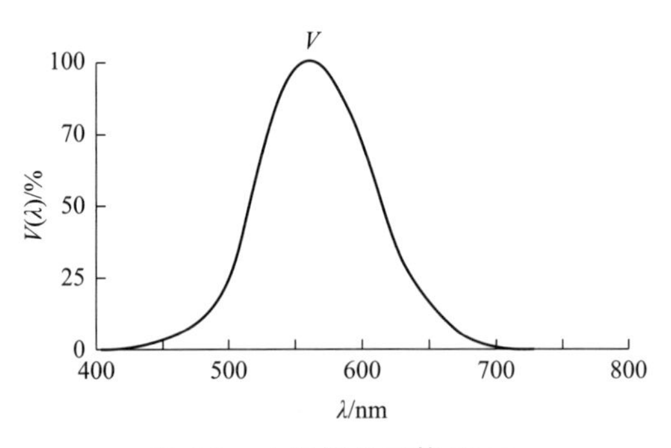

图 6-1 人眼视见函数 $V(\lambda)$

脉冲光的视觉应用，涉及视觉亮度的增强/减弱效应，即造成亮度的变化。由第 3 章及第 4 章的介绍可知，多数波长处是亮度增强的，仅在 460nm 附近会存在亮度减弱的效应。由于实际照明应用的光均有多个波长，460nm

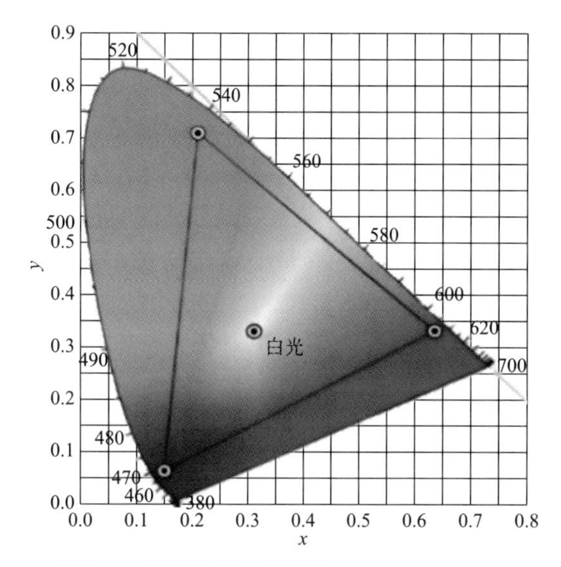

图 6-2　CIE1931 色度空间三刺激值 $x(\lambda)$、$y(\lambda)$、$z(\lambda)$ 函数

左右的光多数只占少部分，因此，实际应用的光源基本都是亮度增强。这也是为什么在早期的测试中，多数研究人员都得出结论“脉冲光的视觉亮度增强效应”。因此，一般来说，脉冲光的使用将使视觉感知亮度增强，也就是在一定程度上节能。但是，第 5 章的生理实验告诉我们，采用脉冲光进行节能是不可取的。至少对于那种长期照明的情况。因为那会造成生理指标的变化，也就是说对人的生理有影响。尽管这种影响目前并不知道是正面的还是负面的。

（2）非视觉功能应用

光源，包括自然光源如太阳，及各种人造光源，自从一开始，人类视觉功能从来就不是其唯一的应用对象。“万物生长靠太阳”，一方面，太阳给人眼看清世界的光亮；另一方面，植物的生长基础光合作用依靠的是太阳光，绝大多数动物也需要有阳光才能正常生长。人造光源也一样，除用于照明视觉功能外，也可用于非视觉的目的，如农业补光、光化治疗、激光切割等。在这些应用中，不再与人眼的感官有关，可以笼统地称作光源的非视觉应用，它们不再关注光谱灵敏度函数 $V(\lambda)$ 及色度三刺激值 $x(\lambda)$、$y(\lambda)$、$z(\lambda)$函数。

光源的非视觉应用方面很多。在一些应用中，不同波长的光的作用强度是一样的，这类应用无所谓波长加权。而在另外一些应用中，不同波长的光的作用强度不一样，也就是具有选择性加权。可以想见，在这些应用中，需要有与人眼视见函数 $V(\lambda)$ 对应的波长加权函数。理论上这些不同的应用，可以诞生很多科学分支。如我们把与人眼的视觉应用对应的称作光度学、色度学，为区分起见，可称作人眼光度学、人眼色度学，而把用作牛视觉的称作牛眼光度学、牛眼色度学，把用于大豆光合作用的称作大豆光合学，等等。至于没有波长选择性的应用，那是不需要新的学科分支的，辐射度学就够了。

以上阐述了光源的视觉与非视觉应用。由于在 LED 之前，人类的光源除自然光源太阳外，人造光源特别是有实际意义的电光源主要包括热辐射光源、气体放电光源。由于这些光源的尺度空间极其不灵活、光谱也基本是固定的几种形式，光源的非视觉应用有限，或者即使有应用，也不存在与人眼光度学对应的科学研究价值，因而实际上光源的非视觉应用也无须专门去区分。笔者特意请教过国际电光源委员会主席 Devonshire 博士有关 lighting 与 illumination 的差别。与我们一样，从一般语言意义来说，两者是不严格区分的。从词根意义上也是无法严格区分的，lighting 即为 light＋ing，即产生光或者光传播中，而 illumination 的词根为 lum，这个是产生光的意思。但多少年来，illumination 一直基本上只被照明科学（人眼视觉）专业人员所使用。作为本书的最后一章，我们讲解 LED 的非视觉应用，主要是由于 LED 的高度灵活性，未来在非视觉领域有很大的应用前景。或许，将来 lighting 将成为包含光的视觉与非视觉的概念，而 illumination 仅指视觉应用的概念。而在中文中，照明将成为与 lighting 对应的概念，而视明将成为与 illumination 对应的概念。

本书的第 1 章讲解了 LED 在光谱空间、尺度空间及时间空间的高度灵活性，成就了 LED 似乎可以作为光源在这些空间的“原子”概念，因为，可以用多个 LED 去拼接出各种所需要的光谱、发光时序及光源形状。可以说，LED 有广阔的应用前景。本章将讲解 LED 的几种典型的非视觉应用，即种植业补光、生物光介入治疗等。

本书作为脉冲光度学，研究脉冲光的亮度变化并拓展到脉冲光引起的生理指标的影响。这些都是涉及人的照明场景。对于植物、动物等，是否有影响，以及怎样的影响，目前能查的资料非常少。笔者自己也在进行部分的研究。下文在介绍照明的农业、医疗领域的应用时，仅仅会提及脉冲光的可能用途。

6.2　农业领域的应用

6.2.1　植物补光背景

近年来，随着红光、蓝光和远红外光等大功率单色光LED的技术的不断发展，其在农业领域的应用正逐渐受到各个研究单位及企业的广泛关注[2]。LED不仅具有光源体积小、光效高、寿命长、波长范围窄与冷光源等优点，而且可根据植物所需来选择特定波长进行照射，具有针对性，实现补光环境的可调，较传统的光源具有明显的优势。

我国作为世界上的农业大国，以仅有世界7%的耕地养活了占世界22%的人口，农业在我国国民经济中有着重要的地位。但是目前我国大部分农业仍然使用着传统的粗放式种植方式，高成本、低效率，存在污染。高效节能无污染的新型农业种植技术成为了当前国民经济中亟待发展的一环。近些年来，随着大功率LED技术的不断发展，使得红光、蓝光和远红外光等大功率单色光LED的技术越来越成熟。由于大功率单色光LED具有光源体积小、波长可选择、辐射中无红外线等特点，因而在种植业补光中较传统光源有着明显的优势。因此LED光源在农业中种植业领域的应用具有良好的发展前景。值得一提的是，其实在养殖业一样具有很大的应用前景，但本书仅以种植业为例讲解。

“光、温、水、肥、气”是植物生长发育所需的主要环境因子，每个因子在植物的生长过程中都发挥着重要作用。在这个五个因子中，“光”居首位，光对植物的生长、形态建成、光合作用、物质代谢以及基因表达均有调控作用。光不仅是植物进行光合作用的能量源，也是光形态形成的信号源。近些年来，随着大气环境污染的日益加剧，大气透明倍数不断下降，致使地球表面接受的太阳辐射日趋减少，如图6-3所示，这难以满足植物正常生长需求；且由于耕地的不足和出于效率的考虑，目前大部分的蔬菜及部分水果在大棚中种植，在冬季和早春季节的阴雨天，大棚内的光照强度一般只有1000～2000lx，而阴性植物需要500～2500lx的光照射，中性植物则需要2500～30000lx的光照射，由于植物在光补偿点以下没有净光合作用的积累，从而导致植物生长受到抑制[3]。因此基于植物生长发育合理需求的人工光源及其智能控制系统的研发和应用，成为农业领域中亟待发展的一环。

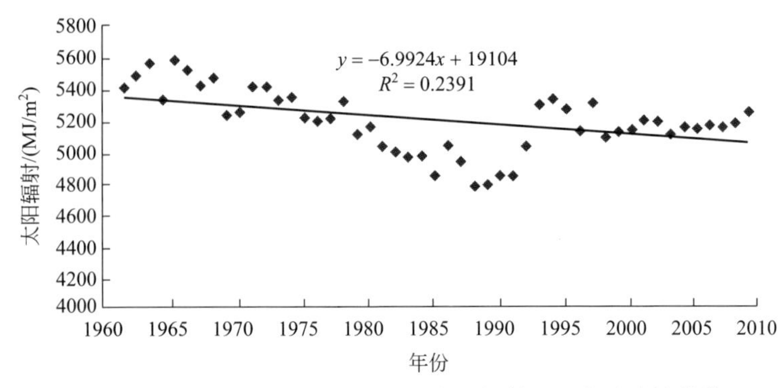

图 6-3 50 年的统计资料表明我国太阳辐射量正在递减的趋势

不同波长的光对植物的生长发育、种子萌发、叶绿素合成及形态形成的作用是不一样的[4~6]，如表 6-1 所示。

表 6-1 不同波长的光对植物生长的影响

波长/nm	影响
280～315	对形态与生理过程的影响极小
315～400	叶绿素吸收少，影响光周期效应，阻止茎伸长
400～520	叶绿素与类胡萝卜素吸收比例最大，对光合作用影响最大，蓝色波长有利于植物长叶
520～610	色素的吸收率不高
610～720	叶绿素吸收率高，对光合作用与光周期效应有显著影响，红色则有利于开花及结果
720～1000	吸收率低，刺激细胞延长，影响开花与种子发芽

太阳辐射光谱不能全被植物吸收。植物吸收用于光合作用的辐射能称为生理辐射，主要指红橙光（波长 760～595nm）、蓝紫光（波长 435～370nm）。红橙光被叶绿素吸收最多，光合作用活性最大，蓝紫光的同化效率仅为红橙光的 14%。如图 6-4 所示，红橙光有利于叶绿素的形成及碳水化合物的合成，加速长日照植物的生长发育，延迟短日照植物的发育，促进种子萌发；蓝紫光有利于蛋白质合成，加速短日照植物的发育，延迟长日照植物的发育。紫外线有利于维生素 C 的合成。

在诱导形态建成、向光性及色素形成等方面，不同波长的光，其作用也不同。如蓝紫光抑制植物的伸长，使植物形成矮小的形态；而红光有利于植

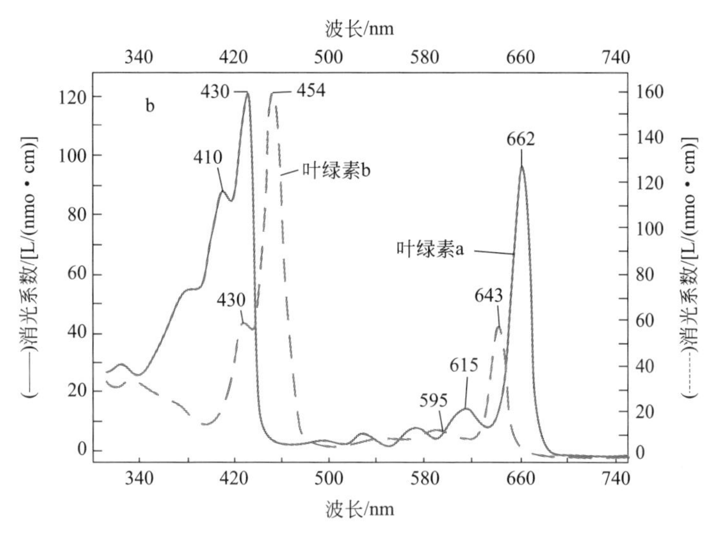

图 6-4 不同波长的光照对植物叶绿素形成的影响

物的伸长，如用红光偏多的白炽灯照射植物，可引起植物生长过盛的现象。青蓝紫光还能引起植物的向光敏感性，并促进花青素等植物色素的形成。紫外线能抑制植物体内某些生长素的形成，以至于植物的白天生长速度常不及夜间。生长期内生长素受侧方光线的影响，在迎光一面生长素少于背光面，造成背光面生长速度快于迎光面，产生所谓植物向光运动。

植物补光照明中，由于各种植物对不同波长光的敏感性可能不同，而目前又缺乏权威的相关曲线，因此，目前都是以光量子密度单位进行衡量。对于一个用于植物照明的光源，我们关心在目标平面上单位面积能够获得光子的数量，这个数量称为光量子密度，对于特性光源，它是一个与光源空间位置相关的量。在植物照明中，我们更关心能够应用到光合作用中的光子数目，因此将光的波段缩小到 400～700nm。400～700nm 的落到单位面积上单位时间内的光子数称为光量子密度，用 PPFD 表示，单位为 $\mu mol/(m^2 \cdot s)$。

6.2.2 LED 进行植物补光的优势

在 LED 之前，植物补光领域主要采用荧光灯及金属卤化物灯作为人工光源[7]。与这些传统光源相比，采用 LED 补光具有如下优势：

(1) LED 光谱的灵活性可以针对性地对植物进行补光

由于植物种类繁多，每种植物的光合作用对光谱的敏感性可能不同，而且在不同的植物、不同的生长期，对光谱的敏感性也可能不同。但是传统光源的光谱几乎是固定的，而且总体上就那样几种光谱，因而不能根据植物的要求选择最佳光谱进行补光。但是LED是光谱非常灵活的光源，理论上通过多个LED的组合可以产生任何需要的光谱。同时由于LED属于体积非常小的光源，这样可以考虑将不同光谱的LED集成在一个补光灯具内，通过控制技术实现在不同时间段选用最佳的光谱对植物进行补光。这样做，既节约能源，同时由于补光效率的提高，可以使用较小功率的LED光源，这样降低了环境的总热量[8]，因而对环境使用的空调功率下降，进一步降低了补光的耗电，节约成本[9]。

（2）LED调光

LED是很容易实现调光的，这样可以针对不同的植物进行最优化的补光。同时，如果补光灯具采用红光、蓝光组合在一起，那可以通过调光实现不同的红蓝比。另外，LED良好的调光特性，决定了LED进行补光时，可以采用恒定辐射强度的方法，也可以采用脉冲式辐射光强的方法，甚至其他的光辐射形式，具体采用哪种方式根据植物而定，目前正在研究当中。

（3）LED辐射中不含红外光谱

LED的这个特性使得用LED补光时，可以根据需要将LED放得离植物很近，增加了补光能量的利用。且由于LED接近点光源的特性，可以通过光学设计获得各种需要的配光对植物进行补光。

（4）LED灯具的长寿命

理论上LED寿命长达10万小时，实际已经超过3万小时，是传统光源的3倍以上。因此，采用LED补光可以节约维护成本。

采用LED补光照明，并采用水培系统，空气能够被循环使用，过多的热量和水分可以被移除，电能能够被高效地转变为有效光合辐射，最终转化为植物物质。LED补光照明的以上特点，使其在多种植物补光中获得了应用，如菠菜、萝卜、生菜、番茄、黄瓜、铁皮石斛等。

6.2.3 LED在植物生长补光领域的研究应用现状

1982年，日本三菱公司采用波长650nm的红色LED进行温室番茄补光，这是世界上最早将LED用于植物栽培领域的报道。在1991年Bula等使用红光LED配上蓝光荧光灯作为组培光源，成功栽培了生菜和天竺葵[10]。1996年Okamoto等使用超高亮度红光LED与蓝光LED，在蓝光与红光光量子数之比为1∶2下可正常培育蔬菜[11]。Tanaka等利用LED进行植物栽培的实用化研究，探讨了脉冲光照射周期与占空比对植物生长的影响，结果表明，占空比达25%～50%时，可加速植物生长[12]。Lee等与Ladislav等还使用LED产生的间歇脉冲光源进行藻类的生产，效果很好[13]。2005年Tamulaitis等开始在温室中运用大功率LED栽培植物，使用640nm的红光LED、660nm的红光LED、455nm的蓝光LED和735nm的远红光LED作温室人工光源成功栽培了萝卜和生菜[14]。Kozai等使用LED脉冲光对莴苣的生长以及光合成反应的影响进行研究，结果表明，在周期为100μs以下的脉冲光条件下，莴苣生长比连续光照射条件下促进效果提高了20%，从而证实了采用不同频率脉冲光照射莴苣可加速其生长[15]。魏灵玲等利用红光LED（660nm）和蓝光LED（450nm）组合进行了黄瓜的育苗试验，结果表明，LED的红蓝光质比（R/B）为7∶1时，黄瓜苗的各项生理指标最优[16]。2010年周国泉等以生菜为试材，分别在3种不同光质的红、蓝和远红三色发光二极管组合灯补光条件下和温室自然条件下栽培。结果表明，经适当光质的三色光二极管组合灯补光后，生菜的叶片数、叶片长、叶质量和整个生菜的鲜质量均有明显的增长；生菜叶中的矿物质元素含量具有不同幅度的提高；生菜的光补偿点和光饱和点升高，光合能力增强，气孔导度加大，蒸腾速率加快，叶绿素相对含量提高，但胞间二氧化碳浓度略有下降；补光使生菜品质得到了提高，其中以R∶B∶FR（红光∶蓝光∶远红外）=5∶1∶0.15最佳[17]。吴家森等使用LED对萝卜种植进行补光照射，结果表明，与自然光相比，使用2种LED灯补光的萝卜在叶片数、叶片长、宽等指标上并无差异，但有利于肉质根的形成，肉质根鲜重分别增加了5.93g/株和10.93g/株[18]。

实际上，植物种类繁多，每种植物对补光的要求可能不同。但由于LED光谱等的灵活性，使各种补光要求都有可能实现[19]。正是因为此，目前LED补光的研究是LED在农业领域的一个研究热点。但由于LED灯具的价格问题，大面积的推广应用还有待LED的价格的下降。

由此可见，LED在植物补光领域有着十分广阔的前景。因此，进一步研究植物生长发育对光的需求特性、规律和光控基准，研发适宜于植物的新型高效LED照明智能光控技术，为植物生长提供节能高效的光环境，并进一步加大其应用推广力度，是一项具有重要意义的创新性工作。

值得一提的是，LED在农业上的应用，除了植物补光外，还可以用于动物的补光照明。目前各种应用都在研究之中。同时，另外一个值得关注的是，动植物生长都有病虫或者某些细菌伴随，它们可能在某种光照下会被一定程度的抑制。因此，这可以通过 LED 的另一类照明方式，间接地提升农业的效率与品质[20]。

6.2.4 脉冲光在农业应用中的特殊价值

前面介绍了光在植物照明中的应用。本部分将初步涉及脉冲光在植物照明应用中的特殊性。

光对植物的作用主要包括两方面：光合作用与光信号。前者是植物生长的能量与物质基础。光合作用本身是一个复杂的过程，尽管我们可以粗略地说，光合作用就是植物细胞中的叶绿体等感受光，引起一系列的化学、生物反应，最终将空气中的 CO_2 固碳，形成植物生长所需要的有机物，并释放出 O_2。由于其中涉及多个过程，对稳态光来说，一切都是按部就班进行。但是，对脉冲光，这就涉及其中的时间响应。图 6-5 初步列出了光合作用各个过程的大概反应时间。

光合作用中各种能量转变情况及反应时间

能量转变	光能 ——→	电能 ——→	活跃化学能 ——→	稳定化学能
贮存能量	量子	电子	ATP、NADPH	CH_2O等
转变过程	原初反应	电子传递 光合磷酸化		碳同化
时间/s	10^{-15}~10^{-9}	10^{-10}~10^{-4}		10~100
反应部位	PS颗粒	类囊体膜		叶绿体间质

图 6-5 光合作用各个过程的反应时间

脉冲光用于农业包括植物照明的研究目前很少。笔者也在做一些研究。但是，从光合作用的时间响应，或许可以看出一些可能的线索。但是，由于光合作用本身是一个复杂的过程，内部的一些机理目前也并不是完全熟悉。因此，脉冲光在植物光合作用可能的应用价值有待进一步研究。

植物的光作用的另一个主要方面是光信号，包括影响植物的开花、结果，等等。脉冲光在里头起什么作用，也依然是有待研究的课题。

6.3 医疗领域的应用

近年来，低强度激光（low intensity laser，LIL）在生物研究和临床治疗中得到了广泛的应用[21]。然而随着激光应用面的不断扩大，人们对它提出的要求越来越高，如需要大面积的光束来进行生物育种或对患者的大面积创伤进行光动力治疗（Photodynamic therapy，PDT）等，而目前开发的所有激光器，包括第一代典型的如 CO_2 激光器、He-Ne 激光器和 YAG 激光器，以及新一代的半导体激光器（semiconductor laser，SL），由于制作原理和应用目的的原因，均存在以下几个固有的特点：输出光的波长有限，光谱半宽峰很窄（只有 1～2nm）以及光束较细，这些特点使激光在生物医学方面的应用受到了一定限制，因此需要开发一种成本低、价格便宜、节电、寿命长、设备简便、波长范围大、光束面积大的新型光源来弥补以上激光器的不足。

但是，目前作为光源，除激光之外，均是各种普通光源。激光与普通光源的主要差别是，激光具有良好的相干性、很小的发散角、很高的亮度、很窄的光谱。其中相干性是所有一般光源无法做到的。Karu 为了揭开低强度激光和可见光的生物刺激差别，通过多年的研究，从动物细胞分子水平上，系统地研究了细菌、酵母菌和哺乳动物细胞在低强度激光与可见光作用下的行为，发现光刺激效应主要与波长、照射剂量和照射方式有关，而相干光的条件不是必需的。这为普通光源代替激光进行医学治疗的可行性提供了理论依据，再一次让 LED 登场。

随着半导体技术的飞速发展，各种波长的 LED 开始被广泛应用于各行业，目前 LED 在生物医学方面的应用正日益扩大并呈良好的发展前景。

6.3.1　LED 在医疗领域的主要应用

（1）LED 创伤愈合光疗技术

光照疗法（light therapy）开启了伤口愈合的新纪元。光照疗法的原理是：特定波长的单色光具有影响细胞生物学行为的能力，同时没有明显的损伤作用。过去一直采用激光作为照射光源，然而其由于体积大、价格昂贵、仅能发射出一小光点，无法照射大面积的伤口，在临床上的应用受到限制。近来由于 LED 发光强度的增加，渐渐有研究欲以 LED 取代激光。LED 光源体积小、价格相对便宜、可排成阵列应用于大面积伤口照射的特性，同时波长带宽也不大，成为低能光照在伤口愈合应用的优势。最近的动物和细胞实验显示，LED 照射能使人类肌肉和皮肤细胞以 5 倍正常的速度生长。目前国外已有应用 LED 照射促进伤口愈合的前期实验的报道。国内也有多家单位在进行类似的实验。

LED创伤愈合光疗主要采用红光波段的LED，强度调整必须适当。

（2）治疗急性口腔溃疡

对于一些患有白血病的儿科病人，在植入与他们的细胞抗原相匹配的骨髓前，要接受最大剂量的放化治疗以杀死他们体内的瘤变骨髓，由于药物化疗和放射疗法会不加区别地杀死快速分裂的细胞，如口腔黏膜细胞和胃肠道细胞系，进而导致严重的胃肠效应（GI effects），这些化疗病人经常会引发急性口腔溃疡，导致进食困难。有研究使用688nm LED，当每天病人接受完最后一次化疗后，再接受4J/cm^{2}的LED照射剂量，其口腔溃疡的治愈程度比预想的要好。

（3）治疗其他肿瘤疾病

目前美国食品与药物管理局（FDA）已经批准将以LED为基础的PDT用于在儿童和成人中治疗脑肿瘤，光敏素（photofrin）与LED结合，已成为当前对肺癌和食道癌的普遍疗法，BPD与LED结合可用来治疗皮肤癌、银屑病和类风湿关节炎。使用630nm LED点阵光源，功率为40mW/cm^2，其治疗效果与传统外科治疗相比，不会产生伤疤和使肢体功能丧失。

（4）高能窄谱LED红光治疗技术

光学治疗——光化学生物效应（非热作用）临床治疗是在不引起组织细胞损伤，能对全身或局部起到刺激、调节和活化作用的光学治疗方法。传统的红光治疗方法一般采用红色滤光片或He-Ne激光，通过滤波片得到红光形成的光谱较宽，损失的能量大，降低了治疗效果，LED红光治疗的工作机理与He-Ne激光有相似之处，但其功率是He-Ne激光的几百倍，光斑也是He-Ne激光的百倍，故该治疗方法的覆盖面更大，穿透性更强。

6.3.2 LED在医疗领域的前景展望

在目前的研究与实践中不难发现，在光强、波长、实用性和价格等方面，LED以它固有的优势，完全有可能在未来的生物医学领域部分代替目前的激光，并有希望形成一个专门服务于生物医学领域的LED新产业。为了达到这些目的，还需大量的研究工作。在LED技术开发方面，需要继续开发出光强更高、发光效率更好的大功率LED，进一步提高目前LED的光输出功率，在基础生物研究和临床基础研究方面仍有大量工作需要完成，由于目前直接研究LED与动物细胞作用，尤其是系统研究LED作用于人体各类细胞的工作进行得仍比较少，在很多方面几乎是空白，需要做大量的工作。

在照射光的选择、照射模式等方面，还有大量的研究工作。总之，LED用于医学光治疗目前还在起步阶段，但具有广阔的前景。本章所列举的仅仅是医学应用的几个例子。

光用于医疗的研究报道很多。在LED之前，主要是激光器。激光以其高功率密度、很好的单色性等在医疗上获得很多应用。但是激光医疗价格昂贵，且不适合于家庭。随着LED技术的进步，LED快速地渗透到医疗领域，目前成为研究热点。

光对医疗的应用除利用热效应理疗等外，更多的是杀灭或者使较少细胞的凋亡，或者促进细胞的增殖速度。光对细胞作用的机理有很多，目前尚不是完全清楚。但是，作为医疗手段，至少两个是必需的：治疗有效，无伤害或者较小伤害。前者往往要求较高的功率密度，后者要求不能高于一定的功率密度。在这方面，脉冲光或许有较大的应用前景。由于资料有限，本书仅仅粗略地提及一下这些问题，希望未来可以补充。

参考文献

[1]　国家新材料行业生产力促进中心，国家半导体照明工程研发及产业联盟．中国半导体照明产业发展报告［R］．北京：机械工业出版社，2005.

[2]　徐志刚．LED在现代农业中的应用［A］．见：第七届中国国际半导体照明论坛，2010：424-431.

[3]　周国泉，徐一清．温室植物生产用人工光源研究进展［J］．浙江林学院学报，2008，25（6）：798-802.

[4]　Winslow R Briggs，Margaret A Olney. Photoreceptors in Plant PhotomoRphogen-esis to Data. Five Phytochromes，Two Cryptochromes，One Phototropin and One Superchrome［J］. Plant Physiology，2001，125：85-88.

[5]　刘彤，刘雯，马建设．可调红蓝光子比例的LED植物光源配光设计方法［J］．农业工程学报，2014，30（1）：154-159.

[6]　闻婧．LED红蓝光波峰及R/B对密闭植物工厂作物的影响［D］．北京：中国农业科学研究院，2009.

[7]　宋亚英，陆生海．温室人工补光技术及光源特性与应用研究［J］．Green House Horticulture，2005，01：27-29.

[8]　张万路．功率型LED热学建模与结温测试分析［D］．上海：复旦大学，2009.

[9]　杨其长，张成波．植物工厂概论［M］．北京：中国农业科学技术出版社，2005.

[10]　Bula R J，Morrow R C，Tibbits T W，et al. Light-emitting diodes as a radiationsource for plants［J］. Hortic Sci，1991，26（2）：203-205.

[11] Okamoto K，Yanagi T，Lakita S. Development of plant growth apparatus using blue and red LED as artificial light source [J] . Acta Hortic，1996，440：111-116.

[12] Tanaka T，Watanabe A，Amano H，et al. P-type conduction in Mg-doped GaN and Al0.08 Ga0.92N grown by metal organic vapor phase epitaxy [J] . App.l Phys. Lett，1994，65：593-594.

[13] Lee C G，Palsson B. High-density algal photo bioreactors using light-emitting diodes [J] . Biotech and Bioeng，1994，V44：1161-1167.

[14] Tamulaitis G，Duchovskis P，Bliznikas Z，et al. High-power light-emitting diode based facility for plant cultivation [J] . J Physics D Appl Phys，2005，38：3182-3187.

[15] Kozai T，Ohyama K，Afreen F，et al. Transplant production in closed systems with artificial lighting for solving global issues on environment conservation，food，resource and energy [J] . Proc of ACESYS Ⅲ Conf From protected cultivation to phytomation，1999，31-45.

[16] 魏灵玲，杨其长，刘水丽．密闭式植物种苗工厂的设计及其光环境研究 [J] . 中国农学通报，2007，23（12）：415-419.

[17] 周国泉，吴家森，汪小刚．三色发光二极管组合灯补光对生菜生长及光合特性的影响 [J] . 长江蔬菜（学术版），2010（4）：30-33.

[18] 吴家森，胡君艳，周启忠，郑军，周国泉，付顺华．LED 灯补光对萝卜生长及光合特性的影响 [J] . 北方园艺，2009（10）：30-33.

[19] 曲溪，叶方铭，宋洁琼，顾玲玲，方圆，陈涛，陈大华．LED 灯在植物补光领域的效用探究 [J] . 灯与照明，2008（2）：41-45.

[20] Whelan H T，Houle J M，Donohoe D L，et al. Medical Applications of Space Light-Emitting Diode Technology Space Station and Beyond [J] . Space Technology and Applications International Forum，1999，458：3-15.

[21] 刘江，角建瓴．LED 在生物医学方面的应用和前景 [J] . 激光杂志，2002，23（6）.

附录

附录 1　文中所用符号所表示的含义及单位

符号	单位	描述
λ	nm	波长
D_r	%	占空比
DC	—	直流光
PL	—	脉冲光
K_m	lm/W	最大光谱光视效能
L	cd/m^2	亮度
T	s	周期
T_{on}	s	导通时间
k_{en}	—	视亮度增益系数
ΔE	NBS	色差
R^2	—	可决系数
$L_e(\lambda)$	$W/(m^2 \cdot sr)$	辐亮度

附录 2　文中所用部分英文名词或缩写词所表示的含义

缩写词或英文名词	解释
CIE	国际照明委员会
LED	发光二极管
photopic vision	明视觉
scotopic vision	暗视觉
ipRGCs	本征视网膜神经节细胞
LGN	外膝体
collector cell	收集细胞
$V(\lambda)$	明视觉光谱光视效率函数
$V_p(\lambda, D_r)$	脉冲光光谱光视效率函数
sub-additivity	次相加
supra-additivity	正相加
$P(\lambda)$	光谱功率分布函数
visible flicker	可见频闪光
invisible flicker	不可见频闪光
CFF	临界融合频率
PWM	脉冲宽度调制
FWHM	半波宽
CCT	相关色温
$s(\lambda)$	S-cone 光谱灵敏度曲线
$m(\lambda)$	M-cone 光谱灵敏度曲线
$l(\lambda)$	L-cone 光谱灵敏度曲线